JN237988

ブリヂストンの光と影

The Growth and Stagnation of Bridgestone

木本嶺二

木本書店

ブリヂストンの光と影・目次

はじめに　7
天気晴朗ナレドモ波高シ　13
正二郎とリッチフィールド　20
正二郎の哲学　26
熟慮断行　38
徹底した合理性の追及　43
石橋幹一郎の意外な側面　51
46日間の長期ストとその背景　57
鳩山一郎と吉田　茂　69
正二郎と柴本の出会い　75
統制令でシェア激変　商工省　担当官と三人の侍　81
ゴム大暴落の背景と苦労　被害額はF社リコールの3倍規模　87
BSがYを抜いた日　94

バス会社　攻略の一コマ　101
オートバイからの撤退　107
争臣、柴本の建議　114
柴本さんと私の出会い　121
正二郎と「社内報」　127
社内融和の秘訣　正二郎「訓示より社内報」　133
幹一郎とデミング　145
ＢＹの世紀の決戦　151
最後の熟慮断行　164
知将　成毛収一の決断　170
オイルショックと国会召喚　176
出光系の大手を救済　183
公取協設立をめぐって　189

「値引き戦泥沼化　ブリヂストンも踏み切る」　195
世界戦略のスタート　ファイアストン工場の買収　203
スパイク問題の背景　209
スパイクから見た日本　立法と行政の狭間から…　216
ブリヂストンと住友ゴムの確執　223
ファイアストンの買収　229
一日一億の赤字続く　238
名外科医、海崎のメスは国内へ　245
リコールの問題点は何か　緊急記者会見の中から　251
リコール対応の背景　258
横浜ゴム、その苦難の時期を辿る　265
劇的コンチとの提携　冨永を支えた重臣・鈴木久雄　275
斎藤、西藤そして浅井　世界をゆるがした3人の侍　282

株価が示す住友の元気　288
ＢＳを支えたリプレイス　295
ビッグスリーの闘い　グラフからＢとＭの明日を占う　303
トップ人事を追って　313
柴本の別れの会　323
提言　中国向けプロジェクトは慎重に　―中国市場の光と影―　330
あとがき　339

【コラム】

こぼれ話　37／ＯＥＭシェア　41／適材適所①　49／適材適所②　56
労働争議　62／思い出の友人　68／統制会事務局　86／ＢＹの攻防　100
織田大蔵と袴　106／オートバイ　120／特別展望車　125

社内報の随筆から　132／座談会から　139／温故知新　144
柴本—成毛　150／柴本と記者会　169／成毛家と歌舞伎　175
重臣・木下の部長時代　182／交遊録　188／司法試験　194／斎藤晋一　202
米国工場　208／小島直記塾と弁護士会　215／シンクタンク　222
ミシュランとのヤリトリ　237／生産性ABC　244／縁の下の力持ち　250
カルチャーギャップ　263／空港ベンチの昼食　274／サウナと早朝出勤　281
有利子負債の額　287／ビールの立ち飲み　294／血液OB型　322
園遊会　329

装丁　神長文夫＋坂入由美子

はじめに

日本を代表する一流企業といえば数多くあるが、代表的な企業を4~5社あげればトヨタ、ホンダ、ソニー、松下、そしてブリヂストンも仲間入りできるのではないかと思う。

そしてこれらの一流企業を並べていくと、一つの共通点があることに気が付く。

それは創業者が偉大であることは当然のこととして、その創業者を支えた家老の存在が無くてはならない不可欠のものであったということであろう。

家老の力倆で創業者の個性を光り輝かせるのだが、その構図をブリヂストンにあてはめると石橋正二郎を輝かせた柴本重理（しげみち）の存在が大きく浮かび上がってくる。

昭和36年から、縁あってこの業界の一記者として取材を続けているうち、ブリヂストンの柴本重理さんと深くかかわり合うことになった。

最終的には、毎月一回柴本家で碁を打つようになった頃から、「男の出会い」というテーマをサブタイトルに「ブリヂストンの栄光」という本を出版してみたいと思うようになった。

ブリヂストンの栄光というタイトルであれば、当然、対抗馬、敵役、引き立て役として、横浜ゴムなり、住友ゴムの前身の日本ダンロップなり、米グッドイヤー社、フランスのミシュラン社の記述も必要になってくる。東洋ゴム、オーツタイヤも、もち論、入ってくる。

そしてその延長線上に各社のトップの力倆も触れなければならなくなる。

面識のない人も少しはいるけれど、ほとんどの人とは、数限りのない出会いと積み重ねがある。

とはいっても、登場する全部の方々が総て主役として書ける筈もないし…と思い悩んでいる内に、主要な登場人物は、次々と他界されていった。

その意味でなら、「ブリヂストンの栄光」というテーマの本は書き易い条件が段々と整ってきたことになるが、そんな矢先、２０００年の8月、ブリヂストンが手がけた最大のプロジェクトである米国のファイアストン社がクレーム問題を起して、全世界のマスコミから集中砲火を浴びる事態が発生、私の執筆の動機は、こっぱみじんに砕かれてしまった。

本の出版を企画した当初、執筆は、経営者を書かせたら日本一、と折り紙がついていた城山三郎さんにお願いする予定であった。不躾は覚悟の上で、城山さんに執筆依頼の手紙を綿々と書いてお願いした処、城山さんから返事を頂いた。城山さんからの返事は、私は柴本さんを個人的に良く知っているし尊敬もしている。けれど、①私は存命中の経営者については書かないことにしている。②例外は、本田宗一郎さんだけである。そして③番目として、このテーマの本であれば、小島直記さんが最もふさわしいと思うから、彼を推薦する…という丁重な内容であった。断りの手紙ではあったが、折り目正しい、さすがの内容であった。

手紙にあった小島直記さんは、昭和40年当時、ブリヂストンの秘書室におられ、その後、筆一本で作家を目指して数多くの作品を手がけられたが、その内の一つの作品は芥川賞の候補作になったこともある。小島さんは、私の高校（福岡県立八女高等学校）の先輩であり、面識もあったが、小島直記さんは、石橋幹一郎さんと東大で同期、しかも福岡高等学校時代には同じ弁論部に籍をおいていたので、石橋幹一郎さんと極めて親しい間柄にあった。

けれどこの本のテーマは幹一郎さんでなくて石橋正二郎さんと柴本重理さんの「男と男の出会い」がメインテーマだったから筋が少しはずれる。城山さんの推めはあったが他の人にお願いすることにした。

困って、いろいろ考えたりしているうちに、ブリヂストンの松谷元三さん（元ブリヂストン取締役広報部長）のアドバイスで、文芸春秋社の岡崎満義さん（当時、編集長）はどうかと推薦を受けた。彼は取材力もあるので柴本さんにも直ぐ会ってもらおう、と話がまとまった。

岡崎さんがこの本を執筆することが決って、岡崎満義さんと柴本さんの一人娘・中村理恵子さんと三人で食事をしながら資料やら写真やらを収集、整理して、この本の企画は順調にすすみはじめた。

柴本さんの二人目の奥様の澄子さんとの間に生れた理恵子さんは、私が柴本家の自宅に囲碁に通いはじめた頃は、まだセーラー服の女子高生だったが、中村雄二さん（宮内庁病院で今上天皇の主治医をされている）と結婚されて、その息子の大輔君は、慶大法学部を卒業、司法試験に合格した。

この話は、12年ぐらい前のことである。けれど岡崎さんが間もなく、全く別の事情で文春を辞めることになった。その事とこの本の企画は直接関係がなかったけれど岡崎さんから、この本を簡単な小冊子で出したいという企画変更の提案があった。

けれど、この本を簡単な小冊子にすることは出来ない。そんなことでこの企画はスタート前の状態に逆戻りしてしまった。岡崎さんから資料等総て返して頂き、仕方なく私自身が執筆するしかない…と覚悟を決めた。

前にも触れたようにこの本の企画は15年ぐらい前だったから、テーマも「栄光」から「光と影」と変って、正直いって何処から手をつけたものか、思い悩んだ。

日時、場所は不明だが、石橋さんの体重が
柴本さんより重そうに見える処が面白い

柴本重理さんから信頼されていた木下正之さん（元ブリヂストン副社長）からは、何時になったら本は出るんだ…とやんわり厳しく催促され、実は進退は極まってきていた。限りなく…

春になれば秋、秋になれば春という繰り返しを何年も続けているうち、仕方なく外堀作戦、当社の篠原君のすすめもあって、締め切り日のある「タイヤ新報」に連載をはじめる、という事になった。

一旦、はじまった以上は、作品の良し悪

しなどは横に置いて、前半にはメインテーマの石橋正二郎と柴本重理の出会いを中心に私なりの眼で描き、続いてこれからのブリヂストンが何うなるのかを分けて書くことにした。

前口上が長過ぎて恐縮だが、以上がこの本のスタートと背景になる。

私の集めた資料は、随分苦労した積りだったが、整理してみると意外とお粗末な内容に見えた。

天気晴朗ナレドモ浪高シ

ブリヂストンの創業者、石橋正二郎と重臣、柴本重理の二人を「男と男の出会い」という形で本にしたい、ということは、紹介した通りだが、肝心の石橋正二郎については、ほとんど個人的な接触はないので、伝記や資料に頼るしかない。「私の歩み」という正二郎に関する本は、良く出来た本でこの稿を書くに当って、何度も何度もくり返し読んだ。

松下幸之助、本田宗一郎、井深　大など錚々たるメンバーに対して石橋正二郎の場合は、時代が多少ずれていることのほか、マスコミに彼等ほど取り上げられていない、という側面もあって、果して彼等と比べて石橋正二郎がどの辺にランクされるのか…という気持でいたが、伝記をくり返し読んでいるうちに、石橋正二郎の偉大さがひしひしと伝わり、もしかしたら、彼等とは格が違うのではないか、という気さえしてきた。

この稿を書くために伝記を読むのだが、その内容のすごさに何もかも忘れて伝記にひき込まれてしまう。

そんな訳で、石橋正二郎についていろいろと書くけれど、彼が何をしたか、どんな足跡を残したか、といった社史風の事は一切、省略して、人間、石橋正二郎の〝人〟そのものを追ってみたい。

もとより、個人的に石橋正二郎と接触したことは皆無に近いので伝記や、彼と身近に接した人の話を頼りにするしかないが、取り敢えずは、伝記の中から、石橋正二郎らしさ、が出てくる部分を紹介しよう。

1956年（昭和31年）創立25周年
当時の石橋正二郎（67歳）

明治二十二年二月一日、福岡県久留米市に石橋徳次郎、母マツの次男として生れるが、生れた日が旧暦の正月二日だったので正二郎と命名された。

名前の由来は、伝記にも無いので知る人は少ない。

父徳次郎は、久留米藩士、龍頭民治の次男で姓は龍頭だったが妻の石橋家の跡を継いだので石橋となるが、血筋は龍頭で士族の流れの方が濃い。

それは、正二郎が最も尊敬した人が

東郷平八郎であったことにも伺える。

彼は「好きな文章」という随筆で、東郷平八郎について書いている。

この随筆は、正二郎の人間性を知る上で、最も解り易く、内容も素晴らしいので原文をそのまま紹介しよう。

好きな文章

私はもとより一介の実業人で、専門の文学者や作家ではないから、「文章」についてあれこれ論ずる資格はないようなものの、自分は自分なりに、そのよしあしについて一つの見方をもっている。第一に挙げたいのは、「簡にして要を得る」ということだ。そういう意味で、私の好みに合った模範例は、東郷元帥がバルチック艦隊接近の報告に接し、鎮海湾からいよいよ出動しようとするとき、大本営に打たれた電文である。

「敵艦見ユトノ警報ニ接シ、連合艦隊ハ直チニ出動、之ヲ撃滅セントス。本日天気晴朗ナレドモ浪高シ」

字数では僅かな電文ではあるが、これには並々ならぬ配慮が払われている。今から敵に遭遇するというとき、「撃滅」という的確な表現によって必勝の決意を示し、天気は晴朗であるが日本海の浪は高いという叙景において、そういう現象にも眼をくばる心の余裕と同時に、天気が晴朗であることは同時に視界が良好であること、そして浪高しということは、この付近の激浪の中で不眠不休の猛訓練を積んだ帝国海軍に利があり、長途の遠征にろくろく訓練もしていない敵艦隊には、不利であるという情況判断が明確に述べてあるわけである。果たせるかな、大本営においても、この電文を見て、「東郷は勝った」と思ったという。海戦の詳細については周知のことで省略するが、双方の勢力を比較すると、敵は五一隻、我は四〇隻、しかも主力艦は敵より二隻少ないという劣悪条件と、いよいよ敵が接近しても距離七〇〇〇メートルになるまでは発砲を許さず、しかも敵の面前において左大回頭を行ない、いわゆるT字戦法をとった沈着と剛胆さを、ここに改めて強調しないわけにはゆかぬ。

その場に臨んで、これだけの陣頭指揮がとれるということは、元帥によほどの自信と決断力があったことを意味するが、それは、昼夜を分かたぬ訓練の中に、部下将兵と一体となって苦労した誠実な努力を前提として、初めて生まれたものであろう。

電文において簡潔的確、見事な措辞構成をなしとげた理由もまたここにある。すなわち、真の名文は小手先の技巧では生まれない。「文は人なり」という古人の教えにもある通り、表現されるものは、その人の全人格であることを私は思うのである。元帥の遺徳を偲ぶと同時に、国際自由化を迎えるわが産業人の脳裏に、当時の危機感と、これを克服した明治人のバックボーンを思い浮べてもらいたいものである。

（一九六三年一月「ゴムタイムス」所載）

当時、世界最強といわれていたバルチック艦隊は、おそらく、その偉容を日本海軍に見せつければ、彼等は恐れをなして降服するだろう。多少の交戦はあるにしても…ぐらいの自信と思い上りがあったのではないだろうか。

まさか、戦艦38隻のうち35隻が撃沈、降服することになるとは夢想だにしなかったと思われる。

映画やテレビで、この世界最大の海戦を見た人は数多いと思うが、この海戦前の100日間に及ぶ日本海軍の激しい訓練の模様は、すごいの一言につきる。

玄海灘の荒海の中で、艦を水平に保って砲身を的確に敵艦に向けるため、水兵が波に合せて甲板を右と左に全力疾走するシーンを見たが、恐らく、この訓練を耐え抜いた日本海軍を指揮した東郷元帥に正二郎は共感するものが多かったと思う。

それはとも角として、石橋正二郎は、この100日間に及ぶ東郷元帥の訓練の激しい砲声を聞いた、と書いている。正二郎がこの砲声を聞いたのは16歳の時である。

その訓練が鎮海湾沖での事なのか、それとも博多港沖の玄海灘から聞えたのか、どちらにしても距離は離れ過ぎている。

考えられる事は、彼が海岸まで行ってその轟音を聞いたか、それとも海岸から久留米までは約25 ㎞ ぐらい離れているが、その距離で砲声が届くほど、訓練が激しかったか、それとも風向きが左右したかもしれないが、何れにしても〝轟音〟がすさまじかったことは間違いない。

皇国の興廃は此の一戦に在り、各員一層奮励努力せよ、と旗艦「三笠」から全軍の士気を鼓舞した連合艦隊司令長官の号令は、100日間に亘る実戦訓練を指揮した東郷平八郎からの号令だから、意味が深く重い。

玄海灘から久留米まで届いた砲声は、距離でいえば東京湾から大宮辺りになる。

鎮海湾沖なら高崎辺りになるだろう。

轟音のすごさは、まさに耳をつんざかんばかりであったと思う。

日本の興廃のかかった、この闘いの轟音を16歳で進学を断念した石橋正二郎がどのような思いで聞いたか…

こんな訳で、正二郎にとって東郷平八郎の存在は、単に尊敬する人の域を越えていたと思う。

彼は青年実業家として、東郷に会いに行くが、その時、長男の幹一郎を連れて行っている。そこで東郷平八郎が、如何に寡黙で質素な生活をしているかを知って益々、尊敬の念を深めていく。

伊東にある東郷平八郎の別荘を彼が買い求め、会社の厚生施設に開放したのも大いにうなづける。

30年くらい前になるかもしれないが、この伊東にある東郷元帥の家に家族で一泊したことがあるが、この一軒家は、誠に質素でひなびた普通の家だったのを思い出す。

石橋正二郎が好んで揮毫した「熟慮断行」の原点は、東郷平八郎の指揮と決断によって勝利をもたらしたこのバルチック艦隊との日本海々戦にあった、と思われる。

正二郎とリッチフィールド

正二郎は、伝記の中で感銘を受けた人として三名をあげているが、第一は、東郷平八郎、第二は、P・ウィークス・リッチフィールド、第三にJ・D・ロックフェラー三世である。

リッチフィールドは、100年前の1905年（明治33年）、正二郎が11歳の時に米グッドイヤー社に入社したが、この時、GY社の社員はたったの17名に過ぎなかった。

58年間GY社に勤務したリッチフィールドは、58年（昭和33年）会長を退くが、彼と石橋正二郎との出会いは、ブリヂストンの将来を左右する重要なきっかけとなった。

太平洋戦争が勃発した昭和16年、正二郎51歳の時、完成したばかりの京橋本社（焼失）に陸軍参謀本部のA中佐が訪れ、極秘裡に「軍の自動車タイヤ工場を東南アジアに建設する計画があるから技術者2名を派遣してもらいたい」という要請があった。

派遣される事になった西原好は、直ちにジャワに向い、軍によって接収されたGY工場の管理運営をゆだねられたが、工場内は金目のものは総て盗まれ荒廃し切っていた。

ここで正二郎は、極めて重要な指示を出すが、この部分は「石橋正二郎（遺稿と追想）」の中から原文のまま抜粋する。

「陸軍省から当社に対しグッドイヤー工場の委任経営の命令が下ったので、福永俊一以下数名の社員が、五月の輸送船団で呉軍港からジャワに向け出発した。出帆後間もなく撃沈された太洋丸の次の船であったことは天佑であった。

出発に当たり、福永社員を最高責任者とするため、特に取締役とし、私が訓示した事の第一は、困難な任務を果たし祖国に奉仕すること、第二は、部下の者の生命を護り、無事帰国すること。ついては、今は大勝利と国民は喜んでいるが、此の戦争は敵が強大国であるから、最後の勝敗は予測できない。もし戦争が不首尾に終わって引揚げるような場合、軍は勢いの乗ずる処、無謀な命令を下すかも知れないが、もしも工場設備を破壊するような事があれば、敵からひどい処罰を受けないとも限らない。皆の生命を全うするために、君は命にかけても工場設備を無傷のまま返すことが日本精神であるから、私の命令を最後迄守り通して貫いたいと、厳重に戒めておいた。

引続いて、機械部品及び原料等一〇〇万円以上と、新たに飛行機タイヤの機械一式を取揃え急送し、昼夜兼行で整備を終わり、八月より生産を開始した。工員一〇〇〇余名を使い、自動車、飛行機、自転車のタイヤ・チューブでは、南洋唯一の工場として遺憾なく責任を果たしたが、予想通り敗戦となり、工場を返還することになった。返還に当たっては、命令通り、立つ鳥は後を濁さずと言うように、機械を磨き上げて立派に引継いだから、接収に来たグッドイヤーの社員も感謝して受け取った。それればかりでなく、引揚げに際し、多数の工員達から別れを惜しんで見送られ、全員無事速やかに帰国することが出来たのは不幸中の幸いであった。」

連戦連勝で日本中が湧きかえっている最中、既に正二郎は、敗戦を予感しているのもすごいが、これには、昭和16年に出会った鳩山一郎が同じように日米関係を心配していたので、鳩山からこの情報を得ていた、のかもしれない。

それはそれとして、当時グッドイヤー・ジャワ工場の最高責任者だったハドレーは、昭和23年、同社の極東部長として駐留軍を介して来日、グッドイヤー社が日本に工場を建設する計画をすすめている事を伝えると共に、リッチフィールド会長が視察のため来日することを告げた。

この時、ハドレー部長が、ジャワ工場を見事な形で引渡してくれたことに感謝したのは、いうまでもないが、このブリヂストンの米国、ひいてはグッドイヤー社に対する紳士的な返還が、ブリヂストンに世界的技術導入のきっかけをつくるグッドイヤーとの提携に連がっていく。

この頃、国内には日本ダンロップ（英国系）と横浜ゴムの工場が合計で5工場あったが、戦災で全部焼失したのに対して、ブリヂストンの久留米工場だけは、久留米市の中心部がほとんど爆撃で跡形もないのにも拘らず、戦災をまぬがれた。

ペンタゴン（米国防総省）と戦略物資を供給する立場で密接な関係にあるグッドイヤー社が、ジャワ工場の御礼を返す形でペンタゴンに久留米市爆撃に際して京都市と同じように、爆撃をしないように依頼した、という〝説〟をきいた事があるが、久留米市の焼け跡と工場が至近距離というより隣接という位置関係にあるので、この説は充分に説得力がある。

ジャワ工場の返還がきっかけとなってリッチフィールド会長の来日はこうして昭和24年11月に実現することになった。

後に、両社との間に技術提携が成立するが、リッチフィールド会長の接待役を命じられたのは、正二郎の次女典子と結婚した成毛収一（後に副社長）だが、その時のリッチフィールド会長への贈物を何にするかについて、予算はウン万円、買い求める先は三越本店と決ったが、品物が決まらない。

成毛は仲の良かった柴本重理にも相談したが決まらない。考えあぐねて恐る恐る正二郎に意見を求めたら、『国宝級の物を考えろ！』と一喝された。

リッチフィールドが自ら著した「産業の海を行く」という本の中で、戦後の日本、日本人、そして石橋家に招待された夜の宴の楽しかった事をつぶさに描写している。そこでは正二郎から贈られた国宝級の「真珠貝をちりばめた蒔絵の箱」にも触れている。

成毛さんから、この国宝級の…という話を伺った時、では何を選んだんですか？という質問をしなかったことをくやんでいたが、多分、この箱に違いない。

リッチフィールドはこの時、12日間、日本に滞在、マッカーサー元帥とも会っているが、リッチフィールドの希望に応じて正二郎は、即座に芝白金の総理公邸に彼を案内して吉田茂を紹介している。

単なる一事業家といえば、言い過ぎになるかもしれないが、正二郎が何故、時の総理を即座に紹介できる立場にあったのか、一般の人には想像もできない事だと思うが、この経緯については、後で触れる。

正二郎の哲学

石橋正二郎の哲学の原点は何か。

それが解ると、彼の経営者としての歩みが手にとるように解ってくる。

前にも書いた通り、彼の東郷平八郎に対する敬愛の念は、敬慕の念といった方がいいくらい並々ならぬものがあった。

それもこれも彼の哲学の原点「国のため」という、このひと言につきる。

この国のため、がひいては、世のため、人のため、と繋がり、これらの〝ため〟を実現するには、事業を繁栄させるしかない、ということに繋がっていく。

従って、正二郎の事業に対する姿勢は、金欲、事業欲を満たすのが目的ではなく手段でしかなかった、ということになる。

凡人にとって国のためとは一体何か、解り難いが、正二郎にとっては、至って簡単、資源のない日本にとって必要なのは、食料や原材料を輸入するための外貨を稼ぐ事しかない。

外貨を稼ぐためには事業を発展させるしかない、その使命感が超人的であったから、誰しもが近寄り難いほどの厳しさを彼は備えたと思う。

事業を発展させるためには、従業員に張り切って仕事をしてもらうしかないから、彼の工場建設計画の中には常に抱き合わせで社宅と福利厚生施設の設置が頭から離れなかったのである。

彼が生きていたら、リストラの現状をどう思うか…多分、必死の覚悟で事業拡大を目指し、人には一切、手をつけなかったろう。

従業員に対して彼が具体的にどんな思いを持っていたか、それを示す一つの私信をここで紹介しておこう。

これは、ブリヂストンを揺がした昭和22年の労働争議の2年後の昭和24年、正二郎が取締役になったばかりの瓜生一夫に宛てた手紙であるが、彼の哲学が簡明に記されている。

『厚生施設には金はいってもなるべくよく整備したいから、建物、自転車置場、マーケット、守衛室、庭園（噴水とか花苑とか目を楽しましめる様に美観施設）、鉄柵（網張り）、また建物内の娯楽施設（ピンポン、ビリヤードその他）出来るだけ急がせて下さい。

診療所が独立したから面目一新で内容外観等革新することを実行して下さい。

医者の上手な事は申す迄もないが、看護婦の親切と規律と患者が心から感謝する様にすること。今迄御義理でやってやると云う様な不行届もあり、失敗もあり、不親切の批評もあるから、久留米のレベルよりも一段高い、流石、日本タイヤと云う印象を与える様にして、社会奉仕の一端に資する様にして下さい。

診療所の完備、建物の増築設計を今回は本格的のもの理想的のものにしたいから、素案を至急送って下さい（平面図だけ）。

私の考えも織込み、東京で更に設計を練り上げて見る積り。BS病院の名に恥ずかしからぬ程度にする心組みです。

現在の診療所も取りあえずは清潔化してそれ迄の利用を良くすること。

食堂、仮眠所の平面図を送らすこと。

久留米市の旭町社宅

松田昌平さんとは打合せて置いたが、荒木（久留米市近郊）の社宅の進行を計って下さい。荒木社宅が出来てから篠山町社宅の改築等の必要もあります。

社宅計画は久留米は複雑ですから、基本計画を立てて二十五年度には更に充実を計りたいから、厚生課長を督励して一般計画の素案を持参して下さい。』

そして欄外に、

『要するに社宅の現状をハッキリ調査報告することから今後の計画を考えること』と書きこまれている。

手紙はこれでおわらず、さらに次の頁にうつる。

『日本タイヤでは厚生福利施設には金を借しまず許す限り金を掛けて居る。今後もドシドシかけて進歩的社会政策を実現する。他社の絶対追従し能わぬ程度の発展を考えて居る。

目先の小さな事よりも、遠大な理想を実行することで大きな幸福を与うることを熱心に努力して居る事実を従業員諸君に知らせて下さい。』

以上は、新潮社から出された「石橋正二郎」（小島直記著）211Pからの抜粋だが、私信だけに彼の持味が如何なく発揮されている。

自転車置場はもとより塀が普通の石塀でなく防犯を考えて、鉄柵にカッコをつけて網張りと細く指示している処に彼の事業に対するひたむきさを感じる。石橋家の永坂町の自宅も、購入した時にあった石塀をわざわざ取り壊して、金網にし、バラを植えて、環境と防犯を実施、近所の人々からも喜ばれたが、その考え方を社宅に迄、徹底させている。

ＧＹ提携と美術館巡り

正二郎の哲学の話はこれくらいにして、ブリヂストンの明暗を分けた、といっても差しつかえのない米グッドイヤー社との技術提携に触れる。

正二郎が二番目に敬愛した世界最大のタイヤメーカー、グッドイヤー会長、リッチフィールドは、正二郎の行き届いたもてなしに感謝して、翌年の昭和25年（50年）1月、正式に招待状を送った。正二郎にとって初めてのアメリカ旅行そして彼が61歳の時であった。

オハイオ州アクロン市にある世界のトップメーカーの工場を観て正二郎は20年以上のタイムラグ、格差を瞬時に読みとった。

そしてこの時、タイヤの骨格になる強力人絹コードからレイヨンコードへの切替えを一刻たりとも遅らせてはならないことを察知する。

そして通訳だった大坪　檀（後に企画部長、現静岡産業大学学長）一人だけを伴って交渉に入る。

同行していた松平信孝（技術担当筆頭常務）は、英国ダンロップに在籍したこともあるので英語も出来る筈なのに何故、同席させなかったのか、それは解らないが真剣勝負に助っ人はいらない、の覚悟だったのだろう。

というのも松平は帰国したこの年の10月、常務から専務に昇格しているからだ。

正二郎はGY社に対してタイヤ技術の導入と生産提携を考えていたが、GY社は提携の条件として25％の資本参加を要請した。

技術レベルで20年以上の差があれば、この25％の条件は、当時としては当然すぎるほど当然な条件、と普通の経営者なら感じたろう。

喉から手が出るほど、ほしい技術だったが、何と正二郎は「我が社にその用意はない」といって席を立つのである。

日本の情けない現在の外交、腰の引け切った外交と比べて、なんという違いだろう。

これが、後々、ブリヂストンの東南アジアへの工場展開をどれだけ有利にさせたか、計り知れないが、当時は正二郎もそこまでは読めなかったと思われる。

◇

初めて見るアメリカ、そしてアクロン市にあるグッドイヤー社の工場、研究所、テストコースを観た正二郎の驚きは、想像を絶するものであった。

工場の近代化と生産性は当然のこととして本社に隣接して設けられているテストコースのコーナーの角度は垂直に近い。スピード感に滅法、興味を持っていた正二郎にとって、このテストコースも驚きの一つだったろう。

タイヤの技術は、ひと言で説明すれば、タイヤの骨格に当る「コードの歴史」といってもいい。

コードは圧縮された空気を可能な限り薄く軽いコードで包める「強さ」その一点に絞られる。

コードは、強力人絹→レーヨン→ナイロン→スチールと変遷するのだが、コードを薄くする点ではレーヨンとスチールへの転換時が最も革命的であった。正二郎は、この一番目のレーヨンへの転換期にグッドイヤーとの提携でぶつかっていた。

喉から手が出るほどの技術提携なのに、グッドイヤーが予期せぬ資本比率25%の条件を出したのに対して、正二郎は「その用意はない」と直ちに断る決断力は、すさまじい、としかいいようがない。

交渉決裂となってしまえば、普通のトップならアメリカ滞在の総てのスケジュールをキャンセルして帰国、役員会で相手側の非を憤り、そして交渉決裂の無念を回りに当り散らすのが精一杯だろう。

処が、正二郎は違った。

当初の予定通り美術館を訪れるのだ。

訪れた順番は、正確ではないがシャトル美術館、コークランド美術館、フィリップ・コレクション、ワシントン・ナショナル・ギャラリー、ボストン美術館、ハーバード大学美術館、フィラデルフィア美術館、メトロポリタン・ミュージアム、そしてシカゴ美術館を訪れている。

ブリヂストン美術館で幹一郎と

正二郎の頭の中には翌25年に控えている本社ビル起工式に備えてブリヂストン美術館の設計図を何うしたものか、その構想を練っていたのだろう。
もち論、郷土の画家青木　繁、坂本繁次郎、それに続くフランス印象派の絵との対比や観賞もあったと思うが、美術館の世界水準は、どの辺りなのか、それを知ることが彼の目的であったと思う。
この美術館の歴訪の途中、グッドイヤー社のリッチフィールド会長は、部下に命じて正二郎をアクロンに呼び戻し、改めて交渉し直して正二郎の要求した通りの技術提携が成立するのである。（正式調印は翌年6月。）

もし交渉決裂で直ちに正二郎が帰国していたとしたら、両社の関係は、それほど友好的な発展をたどらなかったことは確かだ。

それもこれもリッチフィールドが日本を訪れた時の思い出が強烈であったからだろう。

久留米工場を視察したリッチフィールド会長と（1949年）

リッチフィールドは12日間、日本に滞在したが、この間の日本と日本人、そして石橋家についての印象を自著「産業の海を行く」の中で触れているが要点を抜粋すると、

「…日本人には悲しそうな人は一人もなく、再建に起とうとして勇気をもっている姿は驚くべきものがある。日本人は友好的で非常に好感が持てる。彼等は理知的で勤勉で技術を持っている。

次の戦争することがあれば日本人を

敵としてでなく味方にしたい…」と述べている。

石橋家の招待に関しては「或る晩は東京麻布の石橋邸で、客間の一隅の暖炉に火が燃えている音を聞き、窓外では大理石の像に散る噴水の音を耳にしながら、一同は食事を終って車座になった。オースランド副社長と私がピアノを弾き、石橋氏令息がアコーデオンを弾き、石橋夫人が三味線を弾いた。良き時代の家庭団欒そのものであった。私たちはすっかり打寛いだ。習慣、言語、作法の違いを全然忘れてしまった。」書いている。

リッチフィールドがピアノを弾くことも知らなかったが、昌子夫人が三味線を弾くのも知らなかった。

柴本重理は新橋演舞場のすぐ近くにあった料亭「米村」をひいきにしていたが、昌子夫人に頼まれて、一緒に芸者を総上げした事がある。

それが縁となって昌子夫人は、新橋芸者とすっかり仲良しになるのだが、なぜ昌子夫人が米村に出かけるようになったのか、不思議に思っていたが、三味線をたしなむ、ということが解って合点がいった。

リッチフィールドは昭和24年当時、敗戦直後の日本と日本人を書いているが、いまの日本を見たら、どんな印象を持つであろうか。

当時とは逆に、日本人を無気力で希望もなく疲れている…という風に書くかもしれない。

それもこれも無為無策、政争に明け暮れている政治家に責任があるのだが、25年当時のブリヂストンといまのブリヂストンを比べると「光と影」の心配がでてくる。

こぼれ話

◎…9月9日、静岡産業大学々長の大坪檀さんから電話が入った。

『石橋正二郎の通訳としてアメリカには何度も同行しましたが、25年のグッドイヤーとの契約の時、私は同行していません。

第一、私はまだブリヂストンに入社していません。』（ギョッ）

詳しく聴くと、その時同行したのは勝又さん（顧問）か野本さん（海外本部長）…。

大坪さんは東大を出てUCLA（カリフォルニア大学）の大学院で経営学と品質管理学を学んでから昭和33年にブリヂストンに入社、技術提携の契約内容の更改で石橋正二郎と同行したが何れにしても33年以降である。

大坪さんから、石橋さんくらい通訳し易かった人はいませんでしたという話しを聴いていたので、すっかり提携時の通訳は大坪さん、と思い込んでいたが、詫びをかねて訂正する。

処で通訳し易かったのは、正二郎の話す言葉の主語と述語と目的語がハッキリしているから…と思っていたらそうでもない。

通訳の途中、樟脳（しょうのう・防虫剤の一種）の単語がとっさに出ないで困っていると、正二郎がそれはカムファーではないですか、と教えられたそうだ。こんな単語を知る日本人はほとんどいない。

また、会話の中でカレッジと連発してたら、それはユニバシティの方がいいでしょう（専門大学と総合大学の差を意味する）、とたしなめられたこともあったという。

家庭の事情がなければ、神戸高商への進学は間違いなかったし、語学力が相当だった事は余り知られていない正二郎の一側面である。

熟慮断行

正二郎の好きな人物は既に紹介したが、今回は好きな「言葉」を紹介する。

社内報「BSニュース」の昭和46年の1月から12月迄、彼の選んだ12種類の言葉が社内報の巻頭を飾った。

主なものとしては、「言行一致」「和而不同」（和して同ぜず）「物心一如」「温故知新」などがあるが、彼が最も心掛けた言葉は6月号の「熟慮断行」であったに違いない。

この言葉が「和而不同」、「言行一致」へと繋がっていくが、天性の「先見性」と「合理性」が「熟慮断行」に深みを加える。

正二郎は、毎年、夏は軽井沢で過すのを常としていた。

巷間では、60の坂を越えて大事業を成し遂げたのだから、夏の軽井沢の静養ぐらい当然…と受けとられていたようだが、実は、この夏の静養期間こそ、彼が最も心掛けた「熟慮断行」の期間に当たる。

彼は、需要と供給については、5～10年のサイクルで常に「表」を作成し、朝早くから、日経、朝日、毎日の順で新聞を読み、世界中の情報に基き、その表の中の数字を書きかえていった。

9月になって、軽井沢から出てくると、このメモ表を佐野秘書役が黒表紙のノートに書き直して担当常務に手渡される。

担当常務は、この黒表紙の中期計画書をバイブルにして、部下に方針を発していくのである。

そして10年計画の方は絶えず需要と供給の数量の変動に応じて工場建設計画を決定していくのだが、グッドイヤーの交渉と同様、たった一人で総てを決定する。

正二郎は、不況に向って投資するのが上手い、といった程度の評論は数多いが、彼にとって景気の上下動などは、まったく関係ないことで、自動車の売れ行きと保有台数から需要を読み、それに必要なタイヤの供給体制を着々と進め、その結果がたまたま自動車の大増産にタイミング良く間に合っただけのことである。

トヨタにとって購買の集中と分散は、永遠のテーマである。

従って片寄った部品の調達は極力、避けたいのだが、その思惑通りに横浜ゴム、住友ゴムの供給体制が整わない、そのためにブリヂストンが容易にシェアを拡大していったが、そこには営業力を越えた正二郎の先見性が光ってくるのだ。

昭和30年に久留米工場内にコード工場を竣工した時、彼は既に66歳になっていた。その年から亡くなる昭和51年の防府工場まで、実に13工場を建設するのだ。21年間に13工場を建設するということは、1年半に1工場くらいのペースになる。

正二郎が東京工場の設計図を書き上げたのは、たった一晩（徹夜）だったというが、工場が完成した時の総費用の誤差は僅か数百万円、というから驚きだ。

この総費用の誤差は、東京工場に附帯するインフラと全設備機械と据付位置も含まれているのである。

昭和33年から総工費88億で建設された東京工場。この時同社から、小平第6小学校（930坪）と西武小平駅が市に寄付された。

普通なら、工場が必要かどうか、規模はどれくらいか、ロケーションは?、数え切れないぐらいの社内会議がある筈なのだが正二郎は、これも一人でやり切る。

この気迫は超人的というしかない。

成毛収一が東京工場用地買収の担当を命じられた時、近くの八坂神社に参詣して、無事、用地買収が出来るよう祈願したと本人からきいた事がある。

用地買収の単位当りの価格は、覚えていないが、正二郎から厳しく〝坪当り単価が一銭たりとも越してはならぬ〟と申し渡された価格があったから、予算の範囲内で用地買収を完了させせる際の厳しさ、激しさは、織田信長と藤吉郎の関係すら思わせる。

八坂神社に参ったのは戦勝祈願と同じだ。東京工場が完成して10数年後、この八坂神社の前をクルマで通った時、成毛さんが当時をふり返ったシーンがふと思い出される。

正二郎の命令は、粗末なノートと同じく、常日頃から使用している一片の紙切れに鉛筆の走り書きで発信される。コピーの無い時代だから、一枚は一枚、この紙切れが社内を一瞬に駆けめぐる。

持って回る人は大変だが、この紙切れの意味は大きい。

何よりも命令が早く正しく伝わっていく。

OEMシェア

◎…ブリヂストンのOEMのシェアは、1年半に1工場の割合で建設が進み、供給体制の面で断然と他社を引き離していった。

この結果、現在ブリヂストンのシェアは、①トヨタ＝33％、②本田技研＝43％、③日産＝42％、④三菱自工＝45％、⑤マツダ＝40％、⑥スズキ＝48％、⑦ダイハツ＝38％、⑧富士重＝54％、⑨いすゞ＝51％、⑩日野＝53％、⑪日産ディ＝39％、

全社平均でいくと、①ブリヂストン＝38％、②横浜ゴム＝20・2％、③住友ゴム＝13％、④東洋ゴム＝12・3％、⑤海外品＝16・5％になる。（02年現在）

〈工場建設の主な歩み〉

昭和30年	（1955）	66歳
	久留米コード工場竣工	
32年	（1957）	68歳
	久留米第２工場着工	
33年	（1958）	69歳
	久留米第２工場竣工	
７月	東京工場着工	
36年	（1961）	72歳
	東京工場第２期工事着工	
37年	（1962）	73歳
３月	那須工場操業開始	
10月	東京工場第２期工事完成	
38年	（1963）	74歳
	東京工場にコード工場完成	
40年	（1965）	76歳
４月	シンガポール工場操業	
43年	（1968）	79歳
１月	上尾工場操業開始	
３月	彦根工場操業開始	
10月	タイ工場操業開始	
45年	（1970）	81歳
６月	下関工場操業開始	
７月	鳥栖工場操業開始	
46年	（1971）	82歳
４月	栃木・熊本工場操業開始	
48年	（1973）	84歳
10月	甘木工場操業開始	
51年	（1976）	87歳
	防府工場操業開始	

注　正二郎が工場建設に本格的に取り組んだのは、引退してもおかしくない66歳から…という処に彼の本領がある。この新工場に、増設、拡張、設備の更改が加わっていたから、彼は機械の音だけでマシンの健康状態が解ったという。

徹底した合理性の追及

正二郎の合理性を示す最も端的な例としては、彼自身が「遺稿と追想」の中で書いている「私の日常生活」に明快である。

「私は若いときから、日常生活をつとめて合理的にと心がけ、和洋二重生活は無駄が多いからなるべく避け、洋式生活を実行している。

和服は着ないし、食物は栄養第一とし、嗜好にかたよらず、パン食を主にし、酒、煙草はのまない。夜の宴会はつとめて避け、運動不足を補うため軽い体操と散歩程度のゴルフを行なっている。また、出勤時間は従業員並みの時間を励行して常に希望をもって楽しく働いている。」と書いている。

この遺稿と追想を読む前に、石橋幹一郎から『父は洋食器しか持っていないんです』と聞いていたので、別に驚きはしなかったが、和服は一切持っていないことを知り、その合理性の徹底ぶりは、明治生れの人としては例外だろう。

私の趣味は美術と建築と造園と、はっきり三つを掲げているのだが、造園は古風な鳩林荘でも解るように和風をこよなく愛していたので、おそらく和服は我慢して合理性を優先した、としか思えない。

正二郎の会社経営の中に合理性は、遺憾なく発揮されている。

思いつくままに例をあげると、第一は全社員の背番号制の採用。

1番は、正二郎であるのは当然として、2番は幹一郎、そして3番が柴本重理、5番が成毛収一、7番は赤司二郎といったシングルの番号が先ずあり、常務級は20、30、40番という二ケタになるが、その番号は総ての書類のサインとしてそのまま通用していく。

例えば、50番の担当常務の下の本部長は51、52となり、資格が同等の人が二人いれば、51A、51Bという風に使い分けられ、課長になれば511、521とケタが増える。

従って社内の会話も会長が、社長が、常務が…といった表現は一切なく、3番がそういっているから5番は賛成だろう、という風になる。

記者もピンの方になると社員と同等以上に番号だけで会話が通じる。

焼鳥屋でよく上役の悪口を耳にすることがあるが、当時のブリヂストンの社員の会話は隣りで聴いていても背番号ばかりでサッパリ解らん、という利点もあったし、何よりも正二郎が意図したのは、サインの無駄な時間を省くのと、書類を一目見れば、誰れがこの書類に目を通したか、一目で解ることだ。

番号だけで、その人が○○連隊に所属しているかも解るし組織の関連も解る訳だ。

2番目は、年の表示が西暦で一貫していた事。

従って同社の社員の転勤の時の話になると25年を引かないと昭和何年になるか解らなくて苦労させられたものだ。

今でも少し苦労するが、昭和から平成に替って西暦で一貫している同社の社員は、随分得をしていると思う。

この稿もブリヂストンに関する記述だから西暦で通そう、と考えたりしたが、読者が昭和、平成の方が解り易いと判断して、両暦併記とした。

このほか、同社の予算制度の徹底ぶりは、他社と少し違った合理性と重みが加わる。

売上げ計画と経費の関係が明快なのだ。但し、正二郎の時代は、右肩上りばかりの時代だったから、一課長の決済権は、現在の本部長クラス以上の額まで簡単にサイン出来たが、右肩下りの時代になって経費節減が当り前のような時代になると、マイナス面だけが目立ってきてはいないか…という危惧を感じる。

それは、それとして正二郎のすごい処は教育や人事に関しても合理的な考えを貫く。

遺稿集の中にこの辺の記述があるので少し紹介しよう。

「凡そ洋の東西を問わず、古今を論ぜず、働かずして食うということが合理であるはずはありません。故に教育の本質は働く方法を教え、働き得る人間を作ることにあると信じます。

私が社員を見る目は『彼は何処の学校を卒業したか』というのではなくて、『彼はいかに働いているか』ということにあります。」また、教育について「教育というものは知識を頭につめ込むということではなくして、知識を如何にして駆使するかの方法を学ぶことであると思います。」

とも述べている。

そして「人事」に関しては、「事業の経営を為すには人材を以てしなければならぬ。人間はきわめて不平等である。天は人に二物を与えずと言われるように、徳の人、肚の人、才能の人など、それぞれに性格が異なり、これほどの差のあるものはない。その人間を、能力や性格に応じて適材適所に配し、公平に遇することが事業の正しい秩序を作り、正しく発展させる基である。従って有用の人材を抜擢し、力一杯働かせ、実力主義で待遇することが最も〝合理的〟で、人間を大切にする道であると思う。人間の能力は、その地位に就いて機会を与えられて、初めて飛躍発展するものだから、学歴、年功序列などで平凡な立場に束縛し、有用の人材を自由に働かせないことぐらい大きな〝無駄〟はない。また、その地位に適せず、実力の伴わない人物を重用することほど大きな〝損失〟はない。

要するに、私情にとらわれず、誠実で積極的、行動的で責任感の強い人物を育て〝適材適所〟と〝公平〟が大切である。」と説いている。

私情にとらわれ、面識のある人ばかりを重用することくらい〝無駄〟はない、と喝破している。

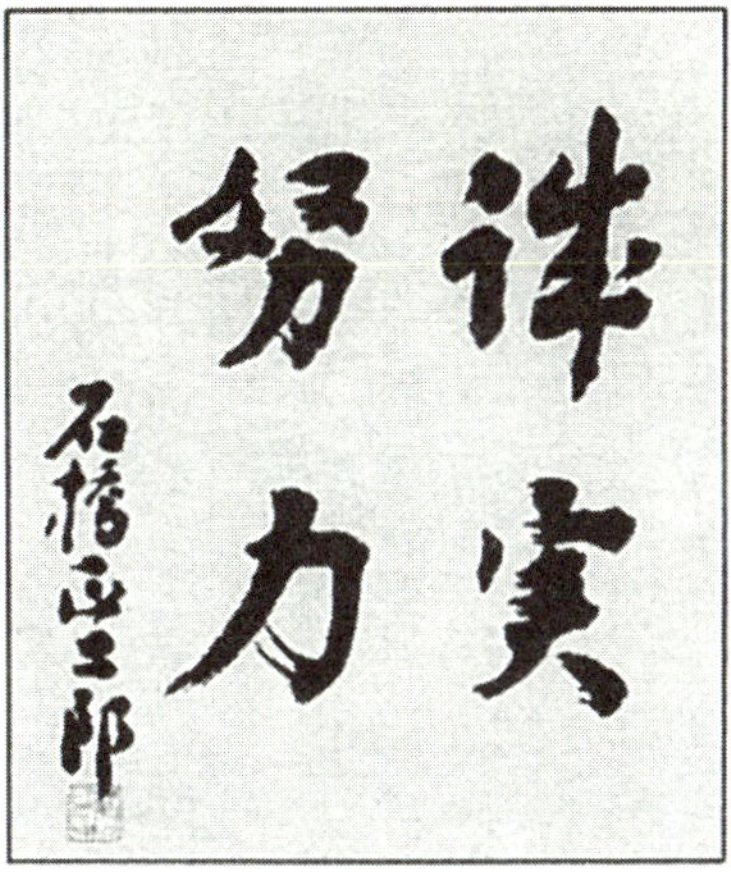

昭和40年当時に好んで書いた揮毫

普通の表現でなら、企業にとって適材適所は大切だ、という風になり勝ちだが、正二郎はそうしなければ、損であり無駄と云い切る所が彼の哲学になる。

現に、彼はそれを実践した。

一流大学の二～三流よりも高卒、専門学校の一流を重用した。

事実、学卒でない高卒の一流は、各部門で実績をあげた。全国の販売会社では、彼等が問題の多い販売会社を建て直し、企業に大きく貢献している。

そして役員人事でも高・専卒を昭和49年を例にとると、25名の取締役の中で実に9名、パーセンテージでいえば36％を取締役に抜擢している。

当時の一流上場企業の中で10％以上の高・専卒を役員にした企業は一社もないと思うが、36％の持つ意味は深く重い。

そして取締役に選任された9名中、5名が常務取締役に、そして2名が専務取締役まで昇進しているから、高・専卒の役員人事が単なる論功行賞でないことは明らかだろう。

柴本重理は昭和48年、社長となって背番号が5番から3番に昇格するが、5番当時の営業担当常務は黒岩登で背番号は50番、専門学校卒だが全盛期は黒岩天皇といわれ同業他社からも恐れられた。

黒岩常務の直属の部下は、吉田一雄で京大卒、その下の中原正二課長も京大卒であったが、上下間の厳然たる差は、事務次官と係長の比ではない。

駆け出し記者の頃、黒岩天皇と麻雀をやったことがあるが、吉田部長が黒岩常務の捨てパイで当ることは一度もなかった。

吉田部長がリーチをかけると、おもむろに黒岩常務が、これは大丈夫か？とパイを吉田に見せるのである。

吉田は平気で『それは大丈夫でございます。いけないのは○○でございます。』、といったあんばいで、ここまでくると勝負というよりは〝漫画〟の楽しい世界になる。

その時、一緒にやっていた宣伝部長の和泉洋三は黒岩常務の御下問に対して『私の親分は福山寿ですから、貴方に答える必要はありません』と平気でやり返す。

実力主義、能力主義の徹底は、いまの官庁などでは夢想だにできない、素晴しいものだった。

適材適所①

◎…これくらい言うは易く、行うは難しいテーマはない。なぜならば、そうするために信賞必罰がきちんと行われている事が前提になるからだ。
信賞必罰を断行するには、問題が発生した時、当事者が始末書なり進退伺いなり、辞表を提出する緊張感が職場にみなぎっていなければならないし、トップは、当事者の真意を見抜かなければならない。心眼が必要だ。

重臣、柴本重理は、正二郎に三回、辞表を提出している。

当時のブリヂストンには始末書の枚数が、勲章に匹敵する意味さえあった。

事件が発生して辞表が一通も出ない、という事態はなげかわしい、というより深刻といわなければならない。

〈石橋正二郎・年譜①〉

明治22年 (1889) 誕生
大正6年 (1917) 28歳
5月 福岡市の素封家太田惣三郎の長女昌子と結婚
9年 (1920) 31歳
3月 長男幹一郎誕生
11年 (1922) 33歳
長女安子（鳩山威一郎夫人）誕生
12年 (1923) 34歳
次女典子（成毛収一夫人）誕生
昭和3年 (1928) 39歳
タイヤの国産化を決意する
タイヤ製造用諸機械を米国に発注
6年 (1931) 42歳
3月 資本金百万円の「ブリヂストンタイヤ株式会社」を創立
タイヤ年間生産数3万2千本
7年 (1932) 43歳
久留米市に約8千坪の土地を買収しコンクリート5階建工場建設に着手
タイヤ年間生産数14万本、うち2万本輸出
8年 (1933) 44歳
資本金7百万円となる
東京出張所開設
タイヤ年間生産数25万本、うち8万4千本を輸出
9年 (1934) 45歳
久留米工場竣工
10年 (1935) 46歳
4月 自転車タイヤの生産開始
10月 ゴルフボールの生産を開始
11年 (1936) 47歳
11月 横浜工場に合成ゴム研究所開設
ブリヂストン青島工場建設
12年 (1937) 48歳
久留米工場で航空機タイヤ試作
14年 (1939) 50歳
柴本重理、ブリヂストンタイヤ入社
15年 (1940) 51歳
2月 海南島にゴム園開設
4月 台北市に台湾ゴム㈱を設立
16年 (1941) 52歳
12月 東京京橋のブリヂストン本社竣工
太平洋戦争勃発
17年 (1942) 53歳
4月 ジャワのグッドイヤー工場経営を軍より委託される
18年 (1943) 54歳
8月 上海に大東ゴム㈱設立
19年 (1944) 55歳
日本タイヤ（昭和17年、社名変更）資本金3千万円となる
20年 (1945) 56歳
8月 終戦、海外工場の一切を失う
10月 東京飯倉片町に日本タイヤ本社仮事務所竣工、鳩山一郎の日本自由党創立を援助する
12月 石橋幹一郎ブリヂストン入社
21年 (1946) 57歳
6月 「熊本製粉」を設立
8月 「経済団体連合会」理事に就任
22年 (1947) 58歳
2月 アサヒ従業員組合連合会スト突入
2月2日から3月15日までの46日間休業する
12月 柴本重理、取締役就任
24年 (1949) 60歳
3月 占領軍のタイヤ修理のため赤羽工場発足
4月 経団連常任理事に就任
6月 柴本重理、常務取締役就任
11月 グッドイヤー社会長リッチフィールド氏、久留米工場を視察
25年 (1950) 61歳
3月 グッドイヤー社の招きに応じて渡米、同社と技術提携の交渉を開始
成毛収一、ブリヂストンタイヤ入社
7月 日本ゴム工業会創立、会長に就任
8月 東京京橋にブリヂストンビル起工
10月 長男幹一郎、日本タイヤ副社長
26年 (1951) 62歳
2月 「ブリヂストンタイヤ株式会社」に

石橋幹一郎の意外な側面

正二郎の長男、幹一郎は、大正9年2月、福岡県久留米市京町で誕生する。県立中学明善校を経て旧制福岡高等学校文科甲類を卒業後、東大受験に際して父、正二郎から〝何が好きか？〟と問われ、〝技術、工学が好きです〟と答えたら、〝好きな事は一生かけて勉強出来るから大学では法律を学びなさい。〟と諭され法学部政治学科に入る。

カメラは自他共にプロと認められるほどの腕前であるほか、青少年の教育や文化活動では国内はもとより世界的にも幾多の役職を手がけている。

写真はプロ級の腕
だった石橋幹一郎

意外なのは江戸情緒や落語をこよなく愛し、カメラを片手に下町を相当、歩いている。日経の主催した日曜対談（昭和57年8月29日付）で対談の相手に池波正太郎を選んだのも大いにうなずける。対談を読むと、作家を目指したかったのではないか…と思われるくらい、おだやかだが素人の域をはるかに超えた対談をしている。

昭和18年、大学卒業と同時に、海軍経理学校（10期生）を経て20年に海軍主計大尉に任官、終戦の年の12月ブリヂストンに入社する。

昭和26年、31歳の時に副社長に、そして38年、43歳で代表取締役社長に就任する。かけ足で幹一郎の年譜を紹介したが、余り知られていない、彼の側面を少し追いかけてみよう。

幹一郎が旧制福岡高等学校時代、同じ弁論部に籍を置いていたのが、作家の小島直記である。

昭和14年、19歳の時、第二次世界大戦勃発を控えて日米関係が悪化しはじめた頃、福岡高等学校の弁論大会が市内の公会堂で開かれるのだが、新進若手の弁論ともなれば官憲の眼が光っていて、滅多な事をいえば、直ちに〝弁士注意！〟とやられた頃だ。

当時のことだから横文字は一切禁止、パーマネントは電髪と言わされた時代である。

この弁論大会で石橋幹一郎は、ローマ字、エスペラント語の必要性を堂々と論じた。外国語を使えば非国民といわれた時にである。

小島直記は、この時の幹一郎の勇気に感動したが、このほか文学面で幹一郎が学内の雑誌にシナリオを発表したり、ナチスに執筆活動を禁止されたケストナーの「ファビアン」という作品の面白さを紹介してもらっている。二人の交友関係は深まる。

福高を経て、二人はその後、大学、海軍も同じコースをたどったが、復学後は、道が違った。

幹一郎は父の会社に入り、直記は、筆一本の注文のない作家を目指したからである。

或る時、幹一郎が直記の自宅を自転車で訪れる。久留米市と直記の住む八女市は約14㎞離れている。戦後の道路は舗装されていないジャリ道である。おそらく一日がかりだったろう。

戦後の厳しい小島直記の窮状を見かねて幹一郎は、筆一本で立って行かれる迄、ブリヂストンで働くことをすすめる。

久留米市と八女市のジャリ道の距離は、地元の人にしか解らない距離だが、これは単なる友情では片付けられない。やはり幹一郎の一つの持味である男の部分を感じる。

昭和44〜45年頃だったと思うが、柴本重理、石橋幹一郎、五十川廣（交通毎日新聞・現月刊タイヤ社長）と四人で新橋の例の「米村」で飲んだことがある。

ひとしきり飲んだ頃、どーんと、どんと、どんと、波のり越ーエーてーェ、一丁、二丁、三丁、八丁、櫓で飛ばしゃー、と幹一郎さんが歌い出した。

正二郎の愛唱歌だったそうだ。

そして最後は流しのバンドを座敷に呼び入れてアコーディオンを弾き出した。

座は大いに盛り上って、「米村」の地下にあるホーム・バーで飲み直そう、ということになった。

私が『せーの』とテーブルに手をかけ立上ろうとしたら、幹一郎さんが『せーのじゃなくて、やんこーのせーの。でしょう』と私に笑顔を送ってくれた。

筑後弁の解る人しかこの方言は使わないが、この時ぐらい同郷であることの有難さを感じたことはない。

ホームバーにはスタンドがあって、4人ともそれぞれ水割を飲むのだが、夜もかなり更けてきた。石橋さんの左隣に腰掛けている柴本さんが石橋さんの背広の下を引っぱっている。〝もう12時を回ってますョ〟というサインだ。ところが、あの石橋さんは〝もっとやろう〟と手を払いのける。

宴会の思い出はつきないが、この時のことほど鮮烈に覚えている宴会はない。

この頃、私はまだ、石橋さんと小島直記さんの弁論部のことも含めて何も知らなかったが、飲みっぷりといい、歌いっぷり、といい豪快そのものであった。

端正では、ちっともなかった。

晩年、会長に退いてからの石橋幹一郎しか知らない人には、こんな覇気があったとは信じられないだろう。

この宴会がきっかけとなってゴルフをすることになった。

完成して間もない、スリーハンドレッドで同じメンバーでプレイすることになった。

石橋さんは青木　功と大の仲良しで、握力は青木と同じ60と自慢した。

飛距離は300ヤード、芙蓉カントリーの3番316ヤードをグリーンオーバーしたというだけあって目茶苦茶に飛ぶ。ただし方向は、全く定まらない。

柴本さんと私のボールは何時もフェアウェイだが、石橋さんと五十川さんの二人は何時も林の中、お互いボールを探し合う、面白いゲームだった。

それは、それとして幹一郎の〝男〟の部分の最たる処は、官憲が発端かどうか確認のしようもないが、徹底して〝官〟を嫌い抜いた。

日本ゴム工業会では、会長を12年、常任理事からすると20年以上、工業会にかかわり、文字通り同会の〝主〟を勤めた。

昭和63年、野村弘専務理事が急逝した時、通産省から後任は役所の方から…という申し入れがあったが直ちに「既に今井さんに内示をしてありますので…」と一蹴した。

当時のブリヂストンは超優良企業、褒賞と叙勲の話しが何度もあったが、幹一郎は一切これを拒否している。

この姿勢をたどると福高時代の弁論大会まで遡るのかもしれない。

適材適所②

◎…これを断行するには、何よりも人材を知る事が、大切だ。直接、間接の両方になるが、出来たら直接知るに越したことはない。

正二郎は、役員食堂を大いに活用した。9階の役員食堂は、席が決ってないから遅く行けば、正二郎の隣の席しか空いてない。新参の役員は、これを知らないから集中砲火を浴びる。

これを恐れる人と恐れない人…を正二郎は看る。

◎…海外出張の場合は平社員でも出発前と後に直接会う。

出かける時は心構えを諭し、帰ってきたら海外市場を伺う見たか情報と人物をキャッチする。

ブリヂストンは国内メーカーの中で最も早く、アメリカ型のベルテッドでなくヨーロッパ型のラジアルを導入するが、これは佐竹部長（後に専務）の報告で決断する。アメリカは日本よりラジアルの開発が7年遅れた。

46日間の長期ストとその背景

昭和22年2月2日、この日を期してブリヂストン労働組合は46日間の長期ストに突入した。ブリヂストン最大の危機で正二郎が58歳の時である。

当時の時代背景は、マッカーサー最高指令長官が日本の武装解除および非軍事化という終戦処理が一段落して、①女性への参政権、②労働組合の団結権、③教育の自由主義化、④経済機構の民主化、などを推進した頃で、23年の12月には労働組合法が成立している。

これらを契機に、共産党と社会党の労働組合への働きかけが活発化、昭和21年の1月には、中国に亡命していた野坂参三が16年ぶりに日本に帰国、人民戦線の即時統一結成を訴えて左翼運動は、せきを切った状況となった。

ブリヂストンの組合は当初、名称が従業員組合ということでも解るように比較的穏健で、組合長も理事長（瓜生一夫で後に副社長）という状況だったが、外部からの圧力は日毎に激しさが増していた。

21年2月10日、ガリ版ずりのビラが工場の正門前でまかれたことから事態は急変する。

ガリ版の内容をそのまま紹介すると「従業員組合は出来た。次には我々の要求をまとめることだ！　2月15日東京から社長が帰る。グズついて社長に先手を取られては駄目だ！スグ職場大会と組合総会を開いて、我々の要求をまとめ上げ、社長が帰ったら直ちに要求書を提出しようではないか！

我々の要求はこうだ！　最低生活を保障する賃金制の確立　八時間労働制の実施　厚生施設の徹底的改善　社内配給物資の不正処分責任者の追及　団体協約の獲得　重役会議に重役と同数の従業員代表参加権の獲得　組合による雇傭並びに解雇権の獲得

社長石橋に向って団結の威力を示そうではないか！　断固として闘い抜こうではないか！　二十一年二月十日」

とあり、発行者は日本共産党久留米地区委員会となっていた。

このビラが外部の共産党のせいなのか、それとも内部の誰かが外部の名を借りてまいたのか、それは解っていないが、共産党の細胞組織が何等かの形でかかわっていた事は間違いない。

赤旗がひるがえり、組合との交渉は紆余曲折するのだが、正二郎は、賃金については即答で組合側の要求を受け入れたが、人事権についてては断固、拒否。長期態勢を敷いた。

けれど組合側の態度は日を追って尖鋭化、重役室のガラス戸をたたき破るなど闘争の仕方も凶暴性を帯び共産党系の急進派が主導権をにぎる状況となった。

この状況は極めて難しい微妙な意味も含んでいるので、伝記「石橋正二郎」の労働争議（203頁）から原文で抜粋する。

「こうした緊迫した事態の中で、当時久留米にいた社長秘書の幹一郎は、対策委員会に対し、局面打開のためこの際ある程度譲歩すべきという緊急提案を行ない、東京の正二郎の了解も得ぬまま、また部課長に諮ることなく交渉を開始した。

幹一郎は、日本タイヤ労組の良心、すなわち健全派の内部台頭をさぐりあて、この良識ある組合員の力が、いかなる譲歩にも満足せず闘争のための闘争に組合員をかりたてる少数者の真のねらいを看破し、撃破することを確信し、あえて譲歩の形をとる提案をしたのであった。」と、組合の会報に書いている。

赤旗が乱立した久留米工場

だが、これに対する会社側部課長の反撥はすさまじく、1月26日から27日にかけ会社側の結束は全く乱れ、事態は混乱の極に達した。工場には赤旗が乱立し、組合側の気勢は昂揚する一方だった。

状況を憂慮した正二郎は、1月26日の日曜日、自宅に柴本重理を呼んで混乱の極に達している原因究明と、人事権については一歩も引いてはならぬ、という指令を現地に伝えるよう命じる。

柴本重理は、その日の夜、正二郎の昌子夫人がこしらえてくれた何食分かの弁当を持って夜行列車に乗る。当時の東京と久留米間は、35時間かかったと柴本は述懐している。

足の踏み場もない列車は翌朝、大阪駅につくが、この時、GHQマッカーサーのゼネスト中止命令が出て、大阪駅からの乗客はゼロ、柴本重理は、ガラガラになった列車の中でぐっすり眠って夕方、久留米に入る。

久留米本社工場での柴本の行動は、正確を期すため伝記の中の「労働争議」204頁からそのまま抜粋する。

「このピンチを救ったのは、社長の正二郎に他ならなかった。その指令を携えて、争議対策本部の東京本社委員長である柴本重理が久留米に到着したのは27日夜半のことである。

正二郎の指令はまことに強硬なものであった。『クローズドショップ制（人事関連を含む）については一歩もゆずってはならぬ。いっさいの決定、処置を対策委員会に任せるから善処せよ』というのがその内容である。同時に柴本は、部課長会の席上、幹一郎に対して口頭で、

『自今、この問題に関し発言を禁ず。』

との正二郎の意志を伝えたのである。いかなる事情があるにせよ、譲歩してはならぬということである。これによって会社側は結束を回復した。」

以上が伝記の中で記述されている27日の一部始終である。

いずれにしてもこの日を期して会社側は、一致結集して労働組合と対峙することとなった。

こうした経緯を経て2月2日を迎えるのだが、この人事権に対する毅然たる態度がブリヂストンが後の日産自動車のようにならなかった要因で、正二郎の断固たる姿勢による。

正二郎は、こうした労働争議の渦中にあったにも拘らず争議が解決すると直ちにゴルフボールの試作にとりかかるよう命じるのだ。

労働争議

◎…労働争議をめぐる三者三様のハナシは、如何だろう。

柴本重理が、なぜ会社から直接東京駅に向わないでわざわざ、正二郎の自宅から昌子夫人のこしらえた弁当を持って、東京駅に向ったのか…長い間、不思議に思っていたが、実はこの日が日曜日だったことが解って合点がいった。

それはそれとして昌子夫人は何食分かの弁当を柴本に持たせる、何といい話しだ。

◎…柴本重理は、この年の12月1日付で取締役に選任されている。

実力、実績があったからだが、この時の労働争議の功績があったことは間違いない。

幹一郎は、3年遅れの昭和25年、11月1日付で取締役に就任している。

鳩山一郎と正二郎

石橋正二郎を知るのに最も解り易い本は「私の歩み」だと思う。465ページもある部厚い本で目次の項目だけで65もあるが、この中でたった一つ人名だけの項目がある。それが「鳩山一郎」である。

正二郎にとって鳩山一郎は、それほど深い繋がりがあるのだが、この交友関係にスポットを当てる。

◇

鳩山一郎は、明治16年生れで正二郎よりは6歳年上になる。父は弁護士で衆議院議長も務めた鳩山和夫で、その長男として生れた。

先祖は、岡山県の三浦藩の江戸詰め家老職という説もあるが定かではない。毎年、孫にあたる鳩山由紀夫と鳩山邦夫は岡山県の真庭郡勝山町に墓参するというから三浦藩（三浦明敬・あけたけ）の家臣であったことは間違いない。

40年前に読んだ「私の歩み」の中に正二郎と鳩山一郎の出会いの記述がきちんと書かれているが、それをすっかり忘れていた私は、正二郎と一郎の出会いが「何だったのか？」不思議でならなかった。

衆議院議長を務めた松野鶴平は、熊本県の出身、正二郎と同郷といって差しつかえないから熊本製粉等のかかわりも解るが、鳩山一郎の場合は地縁、血縁も無いので、出会いのきっかけが何なのか長い間、解らなかった。

鳩山一郎と石橋正二郎の両方に身近に仕えた唯一の人は、和泉洋三しかいない。

和泉洋三の父、猪之松は弁護士の資格をとると司法省（新潟県高田市裁判所判事）になるが直ぐ辞表を出して、鳩山和夫弁護士事務所の一員となったのが縁で、和泉洋三は鳩山一郎事務所の書生となり、早大政経を卒業すると九段の近衛第一連隊に入隊する。同期には相沢英之がいる。

終戦の時は陸軍中尉だったが退役後、鳩山一郎の薦めで昭和23年9月ブリヂストンに入社する。

入社時の最初の仕事は正二郎のカバン持ち、秘書を務めた。それを振り出しに、直需課長から宣伝部長、名古屋支店長、総務部長を経てブリヂストンを退職後、再び外務大臣となった鳩山威一郎の主席秘書官を務め、間をおいて、鳩山邦夫事務所の相談役になるなど、鳩山家三代に仕え、何れにしても鳩山、石橋両家に仕えた珍しい貴重な存在といえる。

和泉さんとは直需課長時代からの雀友、いまでも麻雀こそ卒業したが将棋を指し合っているし、自宅で酒が回ると電話を連発する。

従って、正二郎と一郎の関係については「私の歩み」と和泉さんの「記憶」に頼っているが、「記憶」の方はそれだけで一冊の本が書けるくらいあるが本稿ではポイントだけにして後は省略する。

鳩山一郎は、いまさらではないが田中義一内閣の内閣書記官長、犬養毅、斉藤実、両内閣の文相を務め、東条内閣時代は三木武吉と共に自由主義者の立場から徹底して反抗した。

昭和28年、追放解除後、三木武吉、河野一郎等と共に政界復帰を目指した直後、脳溢血に倒れるが、第五次吉田内閣の崩壊後、財界の強い要望で保守合同が成立、鳩山は自民党の初代総裁に就任する。

さて「ブリヂストンの光と影」をシリーズで書くことになった2月6日の夜、和泉さん宅に電話を入れた…。

『そもそも正二郎さんと鳩山さんの出会いは何ですか?』と素朴な質問をしたら…。

『それは、昭和16年、両国の大相撲でオヤジと正二郎さんが誰かに紹介されたのが始まりだったと思うョ。』

咄嗟の質問でこれだけきちんと時と場所を答えられる人は、まずいないだろう。この電話がきっかけで和泉さんは、長い長い文章を記憶をたどりながら小生に郵送して下さった。

本を調べると全くその通り、1月の初場所で二人は初めて会って日米開戦だけは何とか避けなければ…という考え方が一致して家族ぐるみの交際がはじまる。

幸いだったのは、鳩山家と石橋家の軽井沢の別荘が真向いであったことと、軍の独走をにがにがしく思っていた軽井沢の住人、坂本直道の家が両家の隣だったことである。

坂本直道は、坂本龍馬の姉の子孫で東大法を卒業後、満鉄に入り、松岡洋右に見込まれて昭和3年パリで開かれた万博の満鉄欧州事務局長に就任、昭和3年から16年までパリ滞在中、民間外交を展開したが、三国同盟を提唱する松岡洋右と真向から対立、16年に満鉄を去って軽井沢に隠遁した。

後に鳩山の追放解除のため影武者として働き、功績を上げるが、この坂本直道に正二郎は、田園調布四丁目に家を提供している。

このほか、軽井沢には、日本の将来を憂える〝軽井沢住人〟が多いのだが、その一コマを伝記「石橋正二郎」から紹介する。

「20年6月に軽井沢の坂本直道君の家で、三井物産のドイツ駐在員だった藤瀬氏から本年5月7日降伏したドイツの最後の実況を聞く。このドイツの降伏で、わが軍は絶体絶命となり、本土決戦という決意を固めた」

「7月25日に鳩山さんが軽井沢の家にこられて、連合国側のポツダム宣言をもとに、8月には講和交渉がはじまるとの話を聞いたが、これはスイスからきた情報が流れていたようで、軽井沢の町にいる外国人たちはすでに停戦気分で、抱きあって喜び、祝うほどであった。この日に阪神方面は200機の大空襲をうけた」

「8月4日、陛下は近衛前総理と木戸内府の進言で停戦の御決意を固められたことを鳩山さんから聞いた」

「6日、広島に原子爆弾が投下され、被害甚大、死者8万、負傷者5万を出し、つづいて9日には、長崎にも投下され、死者4万を出した。同日鳩山さんが来られ、ソ連が日本に宣戦したと話された」

「10日にまた鳩山さんから、戦争最高会議で講和条件決定の知らせを聞いた」

「12日、鳩山、芦田均両氏が来られ、晩餐をともにしながら、戦後の政治のあり方、15日に陛下の放送がある、米国は天皇制の存続を承認すると回答したなどを聞く。すでに軽井沢の外人たちは平和が来ると花束を飾って喜んでいた」

「15日正午、玉音放送があるということで、私の家には鳩山夫妻をはじめ、近隣の別荘住居の人たちが30名ほど聞きに見え、感きわまって泣いた人も少なくなかった。しかし、これで日本は救われたという嬉しい気持も押えることはできなかった」

以上の記述は終戦の年の6月辺りからの正二郎の日記から採っているが、これを読むと終戦を正二郎は8月4日に知り、原爆投下もその日の内に知っていたことになる。

鳩山一郎の得ていた情報は、外人からなのか、それとも中枢からだったのか、それは知る由もないが、流れる処には、考えられない情報が正しく流れているのに驚かされる。

思い出の友人

◎…10月1日、九州の森部康夫さんから電話。
『間違いがあったぞ』

『済いません。間違いは何ですか?』

『吉田一雄さんと中原正二さんは東大ではなくて京大、黒岩　登さんは旧制朝倉中学だったと思うヨ。』

『一人は間違うと思ってましたが、二人も間違ってましたか…』

『11月は九州で待っとるぞー。』

『お詫びは、何れその時に…。』

ところで遊びの番付
業界で囲碁の回数が最も多かったのは、柴本重理さん。

ゴルフの方は、お客さんにキャンセル毎に誘れた…森部康夫さん。

麻雀と将棋は、本稿の和泉洋三さん。

そして、お酒を最も多く長く飲んだのは、木下正之さん。

良き時代デシタ。

鳩山一郎と吉田　茂

昭和21～22年を境に鳩山一郎と吉田茂との確執がはじまるが、それも正二郎のバックアップで28年12月、第一次鳩山内閣がスタートする。今回は正二郎と政財界のかかわりにスポットを当てる。

◇

戦前、鳩山一郎と吉田茂の仲は、極めて良好だった。

その状況について正二郎は「私の歩み」の中で次のように触れている。

「戦時中、小石川音羽の鳩山邸には吉田茂氏がしばしば来訪され、私と三人で食事をしたことも数回あった。二人はいつも軍閥政治に批判的で、吉田氏が、戦争が終れば君は総理、僕は外務をやる、などと組閣構想を語りあうほど打ちとけた親しい間柄であったから、ともに軍部から厳重な看視をうけ、吉田氏は牢に入れられたり、鳩山さんもいつ縛られるかというほど危険で、軽井沢に引きこもって人目を避け、絶えず戦争を止める工作に努力されていた。

終戦一年前の8月15日のごときは、鳩山、近衛、細川、三井の各氏に私も加わって長野県千曲川の鮎料理屋に行き、戦争を止める工作についてまる一日話しあったこともあった。（後略）」

戦前、軍部に対して自由平和主義の立場から徹底して反抗している鳩山一郎が、なぜ、公職追放されることになったのか。説はいろいろあるが、吉田茂と白洲次郎の陰謀説が有力だが、その辺の事情に詳しい和泉洋三の見解は少し違う。

軽井沢の住人の中に山浦貫一という余り知られてない政治評論家がいた。その山浦が鳩山一郎著の形で「世界の顔」という本を書いたが、この本の中でヒットラーは偉大な男、ムッソリーニはいい男だ、という記述があったらしい。

鳩山は、そんな記述があるのも知らず、昭和21年暮、丸の内にある通称・外人プレスクラブ（THE FOREIGN CORRESPONDENTS' CLUB OF JAPAN）の招待を受け講演をした。

自由平和主義者として、外人記者から拍手喝采で迎えられるとばかり思っていた鳩山に思いもかけない質問が浴びせられた。

ヒットラーとムッソリーニに関する部分である。

プレスクラブから帰宅した鳩山一郎の顔は青ざめていた、と和泉洋三はその晩の様子をふり返る。そして、この本の存在をＧＨＱに知らせたのは白洲次郎ではないか、とにらんでいる。

その白洲次郎を和泉洋三は旧軽ゴルフコースで見かけている。

その時の様子は、英国仕込みの颯爽たる出立ちで長身の白州が旧軽のスタート台に立った時に…、

『最近は旧軽もビジターが多くて混んで仕方がない、フロントに注意するようにいっておくか…』

このセリフを聞いていた和泉洋三は、「なんてキザな奴だ。」と観た。

吉田茂から寵愛された白洲次郎は一体、何者なのか。

数年前、住友ゴムの西藤直人会長と新神戸駅の近くの料理屋で会食をした時、たまたま神戸出身の白洲次郎の話しが出て、この時、青柳恵介著の「風の男、白洲次郎」が新潮社から出たけど面白い、と紹介されたことがある。

白洲次郎は貿易商だった父の後を継ぐが、神戸一中からケンブリッジ大学と大学院を出る。

英国では「走る宝石」といわれたブガッティを乗り回したが、吉田は英国大使館時代、白州の運転したこのブガッティに同乗したことがあるかもしれない。

白洲は戦後、吉田茂に請われて終戦連絡事務局の参与に就任、ＧＨＱを向うにま

わし八面六臂の活躍をし、初代の貿易庁長官時代、官僚の反対をハネつけて商工省を通産省に改組、後に東北電力会長なども務める。

旧軽でのスタート時のセリフは、後に彼が旧軽の理事長になるから、特に「キザ」という訳でもない。

彼の遺言は、葬式無用、戒名不用。遺言は実行されたから「昭和の鞍馬天狗」という恰好のいいニックネームは彼の好みかもしれない。

処で、石橋正二郎と政財界とのかかわりは、余りに「すごい」のでここでは、彼が何時、誰と会ったか、だけを次表にまとめた。

鳩山内閣がスタートする昭和28年の8～10月は、ほとんど一日の空白もなく政財界の要人が麻布永坂の石橋邸で会合、まさに自民党本部、組閣本部の様相を呈している。

鳩山内閣が誕生した時に、通産大臣に…という要請があったと聞くが、正二郎にとって、そんなことは、一顧だにする必要も、値打ちもない事だったろう。

鳩山一郎と吉田茂を対峙させると吉田が仇役になるが、政治家にとって最も大切な「外交」という面からみれば吉田の功績の方が、鳩山より上かもしれない。

鳩山家が三浦藩士だったのに対し吉田は養子となって姓は吉田になるが実家の竹

内家は土佐藩士、山内一豊の妻の姉の子孫だから、新聞記者に水をぶっかけるくらいは平気の平左で、東条内閣打倒の陰謀に一役かって投獄されたことでも解る。

日本の国連加盟に反対を続けるソ連と友好条約を結ぶしかないと判断して、国連加盟を実現させた鳩山一郎と、サンフランシスコ講和条約と日米安保条約を成立させた吉田茂との優劣は、党人派、官僚派も含めても甲乙をつけるのはかなか難しいが、二人が傑出した政治家であったことは間違いない。昨今の政治家の貧困、貧弱は目を覆うばかりだ。

〈正二郎と政財界人との往来〉

昭和16年（1941） 52歳

1月 鳩山一郎、吉田　茂（鳩山邸）

19年（1944） 55歳

8月 近衛、細川、三井（長野、千曲川）

20年（1945） 56歳

8月 松野鶴平、芦田均、安藤正純、牧野良三、星島二郎、河野一郎（新党樹立の会合、永坂の家、銀座交詢社）

21年（1946） 57歳

1月 8日、松野鶴平、追放

5月 4日、鳩山に追放令

23年（1948） 59歳

秋 鳩山、松野、牧野、団伊能（家宅捜査）

26年（1951） 62歳

石橋湛山、三木武吉、阿部真之介、河野一郎（自宅、集会）

28年（1953） 64歳

3月 14日、議会解散

16日、三木武吉、広川弘禅（鳩山邸、新党結成準備、打倒・吉田茂）

8月 10日、大野伴睦、牧野良三、団伊能、山下太郎、林譲治（星ヶ丘茶寮）

11日、経団連理事会、石川一郎

11日夜、大野、松野、林、党三役の会合（一路邁進の決意を固める）佐藤栄作は大賛成、池田勇人は同意、緒方竹虎は大勢順応

12日、林、益谷、来訪

14日、安藤、大久保、井上、山下

15日、安藤、林、大野、益谷、団、山下（星ヶ丘茶寮）

16日、鳩山夫妻に報告（軽井沢）

18日、益谷、安藤、大久保、団、山下（星ヶ丘茶寮）

24日、石川一郎、山下太郎（政界安定策…打合せ）

25日、林、益谷、牧野、安藤、井上、山下、団（会合）

29日、安藤、山下、大久保、井上（山下事務所、会合）

9月 5日、鳩山（軽井沢）声明書の趣意と総裁の諒解…山下、益谷、大野、安藤、団、井上（山下事務所）

6日、石橋湛山、三木武吉（東洋経済新報社、社長室）

7日、石川経団連会長と…林、大野、大久保、安藤、団、井上、山下

8日、佐藤栄作、来訪

9月8日から29日までは、8月のメンバーとほぼ同じなので省略。会合は祝祭日に関係なく毎日のように開かれている。

10月 2日、大久保来訪

3日、安藤、林、大久保、山下、団、井上（ブリヂストン美術館にて、議員総会に対する協議）

13日、鳩山訪問（音羽）

13日夕刻、安藤、大久保、井上会合（山下事務所）

17日、安藤、林、大久保、井上会合（山下事務所）

20日、安藤、大久保、井上と一緒に鳩山を訪問

11月 16日、林来訪

17日、吉田、鳩山会談、井上卓一来訪

25日、鳩山来訪

26日、世耕、根本、周東、倉石、中山参集（自由党合同についての協議、鳩山邸）

12月 4日、鳩山夫妻、安藤、松野、林、益谷、大野、牧野、井上、団、大久保等14名、自由党合同祝賀会（竹葉亭にて）

23日、吉田総理、緒方竹虎、佐藤栄作、松野鶴平、林譲治、益谷秀次、池田勇人、大野伴睦、安藤正純と共に招待される。（鳩山邸）

吉田内閣、総辞職し鳩山内閣が成立。

正二郎と柴本の出会い

重臣、柴本重理がブリヂストンに入社した昭和14年を境に日本の主要産業は総て統制経済に突入する。天然ゴム、カーボンブラック、コード用原綿はもとより、電力、石炭も割当制となる。入社から終戦までの統制課長、柴本の動きを追ってみる。

◇

明治42年11月24日、柴本重理は、父「柴本具重」（ともしげ）と母「さき」の二男として愛知県葉栗郡、現在の一宮市に生れる。

父は、織物・染物の技士・国家公務員で長野県出身だったため、柴本の本籍は長野県になっているが、母さきの実家は飛騨高山なので血筋としては母方の血を色濃く引き継ぎ、彼は6歳まで飛騨高山で育った。

七人兄弟の二男として生れたが、長男は生れて間もなく亡くなったので実質的には長男で弟二人、妹は三人いた。

父が公務員だった関係で転勤が多く、小学校は広島県の福山西小学校と白島小学校、さらに新潟県と東京の当時の渋谷村の大向小学校の計4回も転校、中学は神奈川県立第二中学校を出ている。

従って柴本重理にとって愛知県、岐阜県、長野県、広島県、新潟県、東京都、神奈川県は、思い出の地として強く影響を受けているが、後に、これらの土地とはリプレス販売で深いかかわりを持つことになる。

父・具重の転勤で柴本は何回も転校を余儀なくされたが、小中学校を通じて、総て級長を通しているから、やはり人並みはずれた何かが身に備わっていたというしかない。

母さきにいわせると、いたずらがひどく、線路の上に石を積み重ねて、踏み切り番に保護されたり、ギョッとするいたずらもあったようだが、成績は優秀、つまりは、文武両道ともに優れていたようだ。

中学時代はサッカー部の司令塔として活躍、部の先輩を慕って浦和高校を目指したが、受験前夜、一緒に受験した友人を徹夜で看病して本人も風邪が移って40度の熱で不合格、第二志望の旧制松本高校文科乙類に入る。

松本高校から東京帝国大学経済学部経済学科に入り、在学中の一時期、高文官試験を目指して母方の里の飛騨高山の大隆寺で受験勉強をするが、経済学部出身では難しいということで高文官の受験を断念している。

昭和8年、東大を卒業した時は、世界同時不況の真只中で就職口はほとんどなかったが、たまたま大学の掲示板に求人の貼り紙があった協和銀行を友人2～3人と一緒に訪ねる。

当時の協和銀行は小さな銀行だったが、大学の先輩が沢山いたこと、中学の先輩もいて、その場で採用が決まった。

待遇も良かったし、他にツテもなかったので他はどこも受けていない。

三年目で早くも目黒支店長代理になったが、どうも銀行は性分に合わない、と思っていた矢先、母方の郷里の飛騨高山の先輩だった政友会の代議士、牧野良三が護謨工業組合連合会をつくって理事長に就任、その仕事を手伝う話が持ち上がった。

牧野良三は、当時、逓信省政務次官だったが、鳩山内閣実現のため石橋正二郎とも協力して、第三次鳩山内閣では法務大臣に就任している。

第三次鳩山内閣の序列をいえば副総理兼外務に重光葵、法務、牧野良三、大蔵、一萬田尚登、文部、清瀬一郎、厚生、小林英二、農林、河野一郎、通産、石橋湛山という顔ぶれだったから牧野良三の政界における位置は相当であった事が解る。

母の実家と牧野家は近所だったので柴本は子供の頃、牧野家にしょっちゅう遊びに行ったりしている。

牧野のつくった連合会は、ゴムの統制令に備えて昭和12年にスタート、本部は当初、神戸にあったが、役所の折衝に不都合が多い、ということで東京にも事務所をおくことになり、その初代事務所長に柴本は就任する。

ところが牧野理事長が10カ月足らずで理事長を辞任したため、柴本も行動を共にして連合会を退職してしまう。

牧野良三は、ブリヂストンの最高顧問弁護士をやっていた関係で柴本にブリヂストンに入ることをすすめ、こうして石橋正二郎と柴本重理の出会いが、昭和14年3月に実現する。

正二郎に牧野良三を紹介したのは、政友会の副総裁だった野田大塊で野田大塊は、官僚からはじめて政界入りしたといってもいい原　敬を支えた福岡県出身の政界重鎮、野田の一人娘は、松野鶴平の妻になっているから正二郎とのかかわりは大変深い。

野田大塊は原敬内閣の逓信大臣を務めている。

いずれにしても柴本によると、正二郎にとっては、父親以上の存在感のあった野田大塊から、牧野良三は役に立つ男だから…と紹介されて、彼を最高顧問弁護士にしていた。だから牧野良三に対して正二郎はコートを着せかけるほどの気配りをしたそうである。

昭和23年当時の本社配置図

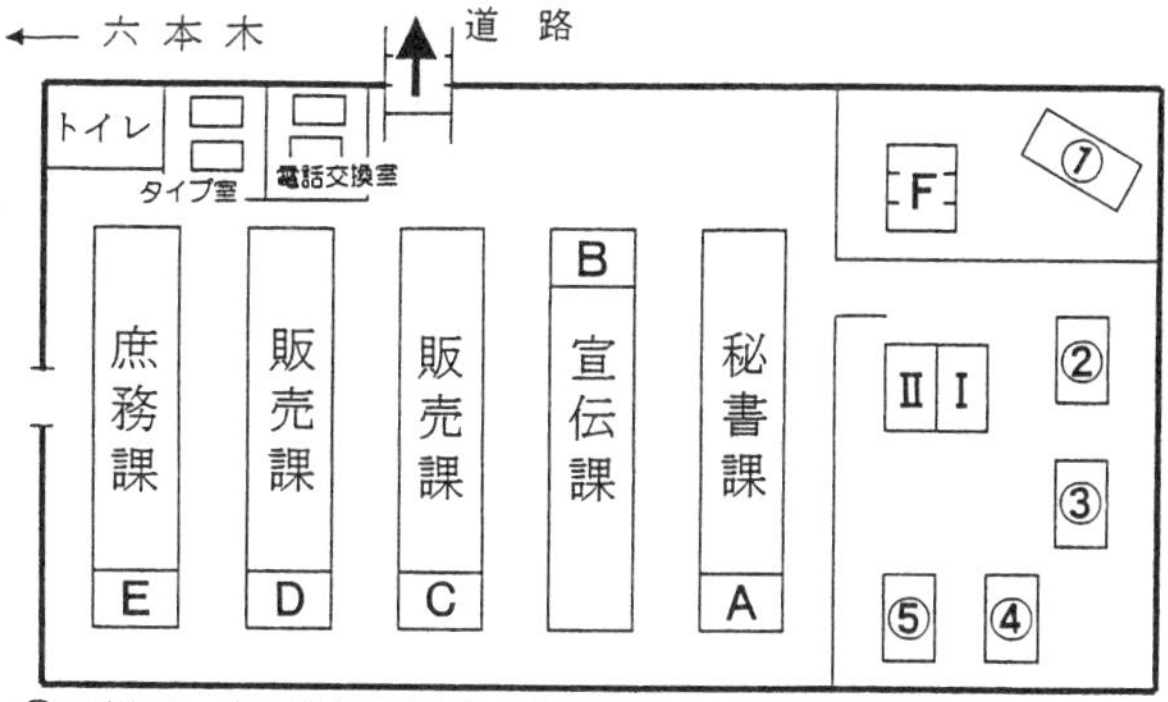

①石橋正二郎、②松平信孝、③瓜生一夫、④福永俊一、⑤柴本重理、Ⅰ和泉洋三、Ⅱ石川美智子、A上原課長、B山崎課長、C竹島課長、D戸嶋課長、E大塚課長、F応接セット

柴本は入社して、8カ月目に業務部長代理兼統制課長の辞令をもらう。

当時は既に統制令が実施されていたから販売の方は割当てで、売ることより資材の調達が最優先。従って連合会でかかわったことが、そのまま生かされることになり、統制事務の仕事は18年頃まで続く。

その当時のブリヂストン本社は2年前の昭和12年に久留米市から新橋の高千穂ビルに移って間もない頃で総勢は100名ぐらい、営業は5～6名しかいない中小企業の典型ともいえる世帯だった。

柴本が入社した時、上役は昌子夫人の遠縁に当る営業担当の中道達治など30数名いたが、戦災で焼けた京橋本社が復旧する前の昭和23年当時、正二郎の秘書だった和泉洋三の記憶をたどると麻布飯倉の仮本社の机の配置は別掲のようになる。

この机の位置から解ることは、松平信孝の席次が瓜生一夫より上であること、福永俊一が柴本重理よりも上席であったことなど、昭和20～25年入社の社員にとっては思いがけない配置、そして何よりもブリヂストンが、仮事務所とはいえ、中小企業そのものの陣容であったことが手にとるように解る。

竹島登、戸嶋謹也が販売課長として机を並べていたことなどは、興味津々の図になる。


〈柴本重理略歴〉

明治	
42年11月24日	愛知県に生まれる
昭和	
8年4月	株式会社内国貯金銀行入行（協和銀）
13年6月	日本譲謨工業組合連合会入所
14年4月	ブリヂストンタイヤ株式会社入社
12月	統制課長を経て、東京購買課長（16年）、営業部次長（18年）、18年11月～20年8月まで兵役
20年10月	（35歳）復職
21年6月	（36歳）営業部長
22年6月	（37歳）取締役業務部長
24年4月	（39歳）取締役営業部長
6月	（39歳）代表取締役常務
33年12月	（49歳）〃取締役専務
38年2月	（53歳）〃取締役副社長
48年5月	（63歳）〃取締役社長
56年3月	（71歳）〃取締役副会長
57年3月	（72歳）取締役相談役
58年3月	（73歳）相談役
61年1月	（76歳）名誉顧問

統制令でシェア激変
商工省　担当官と三人の侍

統制令の実施は商工省が中心になって行ったが、その時の若手官僚は、塚本敏夫（後に住友ゴム工業の専務取締役）で、この塚本敏夫を中心に日本ダンロップの若手代表として林紀子夫、横浜ゴムは、猪飼昌一、そしてブリヂストンは柴本重理の三名がその任に当る。

統制会の準備は、ブリヂストンの林善次常務を会長に、理事長は、横浜ゴムの川瀬一貫常務が横浜ゴムを退社して就任、下部組織としては前記三名が組織づくりに取り組んだ。

当時の三社のシェアは、日本ダンロップがトップで42～43％、第2位が横浜ゴムで32～33％、第3位のブリヂストンが27～28％だったが、日本ダンロップは英国系、横浜ゴムはアメリカ系（米グッドリッチ社と資本提携）であったのに対して、ブリヂストンは純国産ということが軍から評価されて、これが一挙に3社3等分のシェアに決まる。

つまり諸原材料の供給が、この数字で等分されることになった。

そして販売分野も北海道、東北、関東が横浜ゴム、関東、中部、近畿が日本ダンロップ、中国、九州がブリヂストンとなり、シェアの凸凹は東京と大阪の両市場で調整する、という大さばきとなった。

塚本敏夫、林紀子夫、猪飼昌一、柴本重理をめぐる攻防戦は、夜討ち朝駈けでしのぎを削り合うのだが、鬼畜米英の時代背景は、大きくブリヂストンにとって追い風となったが、塚本敏夫にいわせると、やはり、この三名の中では柴本が兄貴分だった、と述懐している。

この三人は、当時、三人の侍として、もてはやされたりもしたが、寝食を共にする機会が重なって〝戦友〟の間柄になる。

◇

『お若えーのお待ちなせー。』歌舞伎でお馴染みの幡随院長兵衛は、江戸っ子の味方として一世を風靡、水野十郎左衛門を向うにまわして、大立ち回りを演じるが、この幡随院長兵衛の父は、肥前の国（佐賀県）、唐津藩の藩士であったが同輩と争い、これを斬り捨てて江戸に落ちのび、男手一つで伊太郎（長兵衛）を育て上げ、後に切腹する。

成長した幡随院長兵衛は江戸で町奴の親分として、水野十郎左衛門（寛文4年死刑）と渡り合うのだが、この幡随院長兵衛が、塚本敏夫の先祖だったことを、柴本重理からきかされた事がある。

塚本は、住友ゴム工業の東京支社長（専務）に着任してからは、暇な時が多くなって、毎年2回ぐらい、千葉カントリーに誘って頂いていた。

アゴヒゲが濃く、浅黒い古武士の風格を備えた塚本は、フンドシ党で、脱衣場で何時も〝何て恰好がいいんだ〟と思わせたものだ。

幡随院長兵衛の子孫であることを知っていたから、なお更のことかもしれない。年をとったら我輩もフンドシを、と思っていたから、いまはフンドシ党に専念している。コストも安いし、衛生的だ。

◇

話は横道にそれたが、この三等分割の浸透によって、ブリヂストンは、躍進の糸口をつかみ、そして戦災で日本ダンロップの神戸工場、横浜ゴムの鶴見工場が壊滅的なダメージを受けたのに対してブリヂストンは無傷、そのため被災した両社のブランドを受託生産するという、好条件が重なる。

昭和18年11月、柴本は応召されるが、一兵卒で通す。終戦の時は兵長であったが、帝大を出ながら、なぜ単なる兵長だったのか…。

単刀直入に柴本に尋ねた。返事は実に簡単『部下を死なせたくなかったから…』ということであったが、これに質問を続けた。

その時、柴本重理は兵隊を知らない私に丁寧に次のように説明している。

まず兵隊のくらい（位）は、二等兵→一等兵→上等兵→兵長→伍長→軍曹→曹長→準尉→少尉と位が上って、伍長からが下士官、その下は兵隊で兵長はいわば兵隊のチーフリーダー。

したがって兵隊の中で上等兵になれるのは、100人中10名程度、そして兵長になれるのは1～2名というから、これは級長のようなものだろう。

兵長となると30名ほどの兵を統率することになるそうだ。

帝大を出て試験を受ければ簡単に少尉になれるのに、柴本は部下だけの問題で受験しなかったのではない。他に深い理由があった。

それは、柴本重理も正二郎と同様、早くから日本の敗戦を察知していた。従って勝ち戦なら喜んで試験を受けるが、負け戦に進んで尉官になることはない、と考えたのである。

そして非国民といわれないため上官には『私は軍事教練に受かっていません。

従って受験資格がありません。』で通した。

徴兵検査の時も『病気は何か?』ときかれて『心臓肥大です。』と答えている。サッカーで鍛えた身体は、スポーツ心臓といって、普通の人よりは大きくなっている点を強調、試験結果は見事、上から三番目の第二乙種になった。

このことについて柴本は『私なりの深謀遠慮をめぐらした。』と率直に述べている。何れにしても小~中学校、統制会の塚本敏夫を交えた三人の侍の時、兵隊、と何の時期をとっても彼は常に〝級長〟の座に収ってしまう。

パーティーでも柴本が会場に入ると空気がピーンと張って、それでいて華やいだ雰囲気が会場に漂う、これは一体何か…。単なるオーラのせいではなさそうだ。

統制会事務局

◎…ダンロップ、横浜ゴム、ブリヂストン三社のシェアが一挙に3等分されたことは、当時としては正に画期的な〝事件〟といっていいであろう。

この当時の三社の社長は、日本ダンロップは武藤健、横浜ゴムは中川末吉、そしてブリヂストンは石橋正二郎だったが、統制会の会議は総てに優先していたため、三社の社長はそれぞれ新宿三越の三階にあった統制会事務所に出かけた。

もち論、社長には、林紀子夫、猪飼昌一、柴本重理の三人が随行している。

そこで面白いのは統制会へ石橋正二郎と柴本重理は市電を利用していたこと…。

いまの時代では想像もつかないが、戦後だと飯倉片町にあったマイアミ（ダンスホール）の前の停車場から新宿までチンチン電車で通った、という。統制会は日本自動車タイヤ協会となって、三越新宿店から八重州口の国際興業ビル（現在の富士屋ホテル）に移転、その後、佐久間町から現在の虎ノ門33森ビルに至っている。

芸　者

◎…統制会の組織づくりが一段落したので〝御苦労、今夜は大いに飲んでくれ。〟と牧野良三が三人の侍を遊ばせた。

三人にはそれぞれ芸者が、あてがわれたそうだ。

処が、新橋の料亭は牧野先生の申しつけだから〝粗相があってはならない。〟とベテランの芸者を揃えた。〝全部60歳以上の芸者でネ。参った〟とは柴本さん。

今昔の感ひとしおである。

ゴム大暴落の背景と苦労

被害額はF社リコールの3倍規模

通産省は、朝鮮動乱の勃発を前にメーカー各社に天然ゴムのストックパイルを要請、各社ともその要請に従ったが、半年分以上の量を備蓄したブリヂストンは当時の金で30億円の被害を受けた。柴本重理はこの危機を乗り越え販売に注力していく。

◇

約20年前、ブリヂストンのリプレイス担当常務だった木下正之は、先輩達が築き上げた苦難の記録を保存しておくために「先輩達が語る―リプレイス市場開拓」というテーマで「競った！戦った！築いた!!」という本をまとめた。

本はA４版171ページで内容は、諸先輩27名がブリヂストンの創業・開拓の時代から苦難を乗り越えてトップ企業になるまでの苦労話、経験談でまとめてある。

ブリヂストンは、幾多の苦難を経験しているが、その一つは46日間におよんだ昭和22年の長期スト、次は昭和26年の天然ゴムの大暴落にともなう資金的行詰り、三番目の危機は、米ファイアストン社の買収をめぐる攻防、そして四番目は、世界をゆるがしたファイアストンのリコール問題が上げられるが、この四つの出来事のうち、常日頃の注意と努力があれば回避できたものは二つ、他動的な要因で不可抗力だったのは二つだが、このうちの一つ、天然ゴムの大暴落による危機は最も大きなものであった。

この大暴落について柴本重理は、木下正之がまとめた本の中で次のように語っている。

「昭和25年に統制が解除になって、自由化が実現、これからやるぞ、という時、朝鮮動乱後の生ゴムの暴落をもろに受けたが、この時が、ブリヂストン50年の歴史の中で最初にして最後の、そして最大の危機であった。」と述べている。動乱前、生ゴムのトン当り価格は80万円していたが、数ヵ月で半値以下の30万になったのだから、大変なのは解るが、問題は当時の損害額30億円の重みが一体どれくらいだったのか、ということになる。計算の仕方はいろいろあるが例えば、当時の「盛りソバ、かけソバ」の値段で比較すると昭和25年当時の盛りソバは15円、現在の値段は600円だから、単純にソバ価格で計算するとインフレ率は40倍になる。従って現在の価格で換算すると1千200億円の損害を被ったということになる。

天然ゴムが大暴落した昭和26年のブリヂストンの売り上げは80億円だったたから、売上げ対比でいくと、実に約40%に及ぶ額になる。現在のブリヂストンの売上高は

7千650億円（03年）だから、この時の損失は、優に3千億円を越す金額になるのでファイアストンのリコール費用の3倍に達した。

まさにこの時が柴本が指摘するまでもなく、ブリヂストンにとって史上最大の危機といって差しつかえない。

経理、総務を担当していた瓜生一夫常務はこの時、結核で病気療養中とあって柴本は、経理部長の赤司二郎を伴って、毎日、銀行回りをはじめることになる。

街角に立てば、大概、銀行、信託、保険会社があるが、片っ端から飛び込みで2千万、3千万と借金を申し込んで廻る。政府は、金融界に不動産関連の貸付を法規制していたので、融資は困難を極めた。

その状況をこの本の中で柴本は、こう語っている。

「さすがに、創業者は、この時ばかりは心配されて机の上で頭を抱え、考え込まれていたものです。しかし、すごいというのかどういうのですかネ、銀行に自分では電話一本かけようとされない、そしてこういうのですヨ。〝柴本君、銀行は金を貸すところだョ。〟それで頑張っておられる。

一本ね、電話をしてくれるとか頭をちょっと下げて頼んでくれれば、貸してくれるのにと思いました。

だけどその頑固さというか、そんなところがまた、たまらない魅力でもあった訳で、〝心配かけないように頑張りますから〟と断言して、銀行を口説き落しに出かけたものでした」と述懐している。

昭和25年といえば、石橋正二郎が初めて渡米、グッドイヤー社を訪問した年であり、ブリヂストン本社建設にとりかかった年でもある。そして本社ビルは翌26年に竣工した。

当面の資金として、必要だった本社建設資金、4億5千万円を柴本はトヨタ、日産に支援を頼み、そして代理店からも先付手形を借り、生命保険会社は朝日生命を除いて全部借り、給料の遅配、欠配と現物支給などでこのピンチを切り抜けるのである。

この時、柴本重理が肝に命じて感じた事は、トップメーカーでなければ借金一つをとっても大変だ、ということを経験したことである。

この借金の時の苦労が柴本重理の哲学に大きな影響を与える。

それがダンロップに挑戦、横浜ゴムを追い越せ、これが号令となってリプレイス軍団の強化育成へと連がっていく。

系列販売会社

日本の流通機構は長い間、問屋卸制度に根ざしていたが、系列化問題は、タイヤと共通点の多い家電業界でもその功罪が大いに論じられていた。

この系列化問題に日本で一早く取り組んだのは、多分ブリヂストンが最初であった、と思う。

流通機構の研究が早くから進んでいた家電業界よりも、ブリヂストンがなぜ先行したのか…。

そのきっかけになったのは〝柳本事件〟だがこれを簡単に説明すると、運輸省と国鉄の国内最大の取引を一手に引き受けていたブリヂストンの代理店・柳本商事が、国鉄から受け取った代金を支払わない、この事件は数多くの曲折を経て結局、柳本商事が倒産したため、ブリヂストンは仕方なく、メーカー直系の販社・タイヤセールスをスタートさせる。

そして責任を取る形で福永俊一常務がタイヤセールスの社長として出向する。

従ってブリヂストンの系列化は仕方なく、必要に迫られて系列化したのであって、流通機構、チャネルの研究から生れた訳ではない。

ただ同社が違ったのは、系列化した販売会社の方が、一般代理店に比べて、方針の伝達、徹底が〝優れている〟と解って、急速に全国展開したことにある。

この系列化路線を定着化させたのは柴本重理であるが、後にこれを販売戦略の基本に据えて、リプレイス軍団の最重点事項にしたのは黒岩登常務になる。

柴本重理の後を次いでリプレイス、補修販売担当常務になった黒岩登は、系列化を徹底的に推進、一部の代理店からは「ひさしを貸して母屋を取られる。」——という風評すら立った時期がある。

柴本重理は、系列化の良い面は理解し、指示もしたが、黒岩登とは本質的に考え方が違っていた。

それは、系列化していない一般自主系代理店であろうと、きちんとした経営をし、県内のシェアも平均点以上であれば、特に系列化の必要はない、というトヨタ方式をとったのが柴本である。

この考え方は、いまでも岩手、群馬、栃木、長野、富山、奈良、沖縄など全国に50社以上がキチンと経営され、シェア的にも、系列販売会社より〝優る〟というケースもあるが、要は、系列店であろうとなかろうと、トップの力倆に左右されることは、メーカーでも販社でも同じ、ということになる。

系列化問題は、リプレイス軍団の大きな布石となったが、その出城に目を光らせる師団長、支店長の役割は、もっと大きな意味があった。

昭和26年、柴本は42歳だったが、この時に全国の支店長を30歳代への若返りを断行した。

BSがYを抜いた日

ブリヂストンが横浜ゴムを抜いた「年」を正確に知る人は、当時でも数少ない。それはブリヂストンが株式を公開していなかったためだが予想以上に早かった。

ここで当時の経過を表（100P）にまとめたが、商売の最前戦でどんな事が展開されていたのか…。それを紹介する意味で、ブリヂストンのリプレイス販売本部が昭和60年にまとめた「本」がある。

この本は27名の先輩が執筆しているが、ここでは久富鶴雄の作品を選んだ。

久富鶴雄は、大正元年10月生れで昭和8年、福岡県の旧制久留米商業を卒業と同時にブリヂストンに入社、昭和27年、仙台営業所所長、翌28年同支店長、昭和33年、本社タイヤ部長、最後は福岡販売の社長、会長を経て昭和53年退任している。

一日で〝誠実〟という印象が、ピッタリあてはまる人柄が、ユーザーからの信頼を積み重ねていったと思われる。（以下原文のまま紹介する）

◇

昭和8年入社して間もなく、札幌駐在員を命ぜられ、足かけ3年ばかり全道の販売を担当しました。当時の代理店は、日本ゴム系が主で、函館の外山平治商店、室蘭の臼井呉服店、小樽の北海製靴、釧路の中西商店——。わずかに、札幌の大北モーター、旭川の旭川モータースが、シボレーのディーラーでした。

この年の年度はじめに、札幌市交通局の年間購入がありまして、それまでは、ダンロップとヨコハマが交互に受注していたんですが、ウチも採用方を申し出て入札に参加しました。で、結局、その年の年間需要を全部落札することができたんです。当時、業界は過当競争自粛の気運にあった時でしたから、早速問題になってしまって……

私は、東京の理事会に呼び出されました。申し開きをさせられたりしたんですが、もうその時には契約調印が済んでしまった後でどうにもならず、そのままになりました。

当時のダンロップ、ヨコハマの札幌営業所長は、40がらみの人達でした。一方、私はやっと20歳を過ぎたばかりの若造で、今から思えば、さぞや小面憎かったことでしょう。（中略）

◇

北海道の汽車も通わぬ奥地の敷香に、６台位の路線バス会社がありました。悪路のために、タイヤの消耗が激しく毎月10本位消費するとのことでした。

社長に面会を求めました。すると『ブリヂストンなんて聞いたことがない。外国のものですか?』

がっかりしました。しかし、社名の由来、ダンロップやヨコハマと違って純国産品であることなどを説明したところ、はるばる遠くまでやってきたのを同情してくれたのでしょう、32×6を10本買ってくれました。

そして、その時から、名刺に〝純国産、ブリヂストン〟と大書して印象づけることにつとめました。とにかく、タイヤはダンロップかヨコハマしか知られていない時代で、名前を知ってもらうことが先決でした。

札幌駐在から、九州へ帰り、私は南九州を担当することになりました。月の25日間、各地を駆け回って歩いたものです。

◇

昭和27年2月、工業用品に心を残して仙台に赴任しました。東京支店仙台出張所の時代です。

東北6県に代理店は一店ずつ、従業員は6名位でした。

赴任した月は不需要期で、返品がどっと出て差引月商200万円の売上げ……。この先どうなることやらと、正直言って不安でした。

半年後に、支店に昇格。だんだんと売上げも増え、人も拡充、29年10月には月商1億円に到達。

柴本常務に電話で報告したら、『一杯飲みなさい』とおっしゃってくれて、全員で一夜を痛快に飲み明かしました。

東北6県は、統制時代、ヨコハマのテリトリーでしたから、断然強い。しかし自分達が一歩一歩切り拓いた地盤じゃないものだから、どっちかというとあぐらをかいていたように思いますね。

そこにこっちが斬り込んでいった。ブリヂストンは、全社的体制で浸透作戦。サービス部ができたのもこの年で、第2工場長の西原氏が初代のサービス部長。ずいぶんと拡売に応援してもらいました。宣伝費、拡売費も拡大してもらい、他社が油断しているスキを一気について、グーンとのしてしまった。

◇

タイヤ修理店、カーディーラー、こういうところに渡りをつけなければタイヤは売れない。修理屋さんは、みんな他社と取引きをしている。そしてユーザーは修理屋さんの言うことならよく聞く訳です。

まず、修理屋さんの支持をとりつけなければならぬ……。そこで、修理屋さんの命の綱ともいうべき練り生地から入ることとして、引取り期間と数量を決め、目標達成の店を当時は珍しかった飛行機で羽田から久留米工場見学招待を企画。これが大成功で、6県の主たる修理屋さんが、全部、ブリヂストンを扱ってくれることになりました。

カーディーラー関係へは、日参です。それしかありません。自然に情が移ってか、取引きができてきました。

一年ばかりたちますとカーディーラーはもとより、整備工場は東北6県すみずみまで、ブリヂストン――。

今でこそ整備工場は政策の柱の一つですが、我々は期せずして着目して、大小を問わず行きあたりばったり足の向くところ訪問したものです。

トラックは、何といっても日通関係が全県の運送を分担していました。穀倉地帯のこととて、米のとれる時期になると活発に動く訳です。これがほとんどヨコハマですから、何とか入り込みたい。

私は、ヨコハマの代理店をしている福島の東北自動車という会社に出かけて行きました。門前払いを覚悟の上でした。ところが、すんなり幹部の方と面談ができたのです。

『自分達は取り次ぎ店であって、日通の指定通りにしているので……』そこで私は言った。『それでは、日通さんがブリヂストンを指定してくれれば取扱ってくれますか』『それは、当然ですよ』

よし、やろう。３人のセールスマンをフル回転です。各地の日通支店訪問をセールス活動の重点目標としました。

向こうさんとしては、それまでメーカーから直接訪問なんてことはなかったんですね。他社は全然行っていないんです。タイヤの性能を話したり、時には日本ゴムからもらった子供の運動靴をおみやげに持って行って喜ばれました。

そんなことがあって、ブリヂストンがどんどん指定されるようになり、１年ばかりしたら、ほとんどブリヂストンです。ヨコハマも、あわてて回りはじめたけれども、もう後の祭り。復活はできませんでした。

とにかく、それまで１本も売れなかったんですから、その時の成功例は今でも強く印象に残っていますね。

両社の売上推移
（昭和25年～32年）

単位：百万円

	ブリヂストン	横浜ゴム
昭和25年	5,586	6,975
26年	8,119※	7,831
27年	6,716	7,090※
28年	10,024	8,328
29年	11,671	8,585
30年	12,092	8,959
31年	17,174	12,283
32年	20,769	15,206

注）横浜ゴム25年の数字は決算期変更のため推計。

BYの攻防

◎…ブリヂストンが昭和20何年に横浜ゴムを追い抜いたか？

当時の横浜ゴムの売上げは、同社の50年史にも表示されてないし、一方のブリヂストンは非上場時代…とあってこれまで昭和20年代の両社の売上げが比較されたことは一度もない。

編集部で苦労してまとめたのが上の表。

ブリヂストンは26年に一旦、横浜ゴムを抜くが翌27年に抜き返されている。

正二郎の還暦を祝って上市した60タイヤが不評でクレーム続出、返品の山となって抜き返されるのだが、ここにも、いかに品質が大切か…という教訓がある。

バス会社　攻略の一コマ

前回に続いて久富鶴雄の文章の後半を送る。ここには、マーケットインとかセルアウトとか、計画達成とか戦略的な表現は何もないが、それらのことが見事に実践されている。「正二郎と重理」というデンとした存在感が各師団、連隊の士気を鼓舞している。

▽ダムの建設をめぐって

ちょうど時を同じくした頃だったでしょうか、福島県の奥只見で電源開発用のダムが、全国一の規模ではじまりまして。今迄見たこともない超大型車が続々と集合して、ORタイヤの需要がおこりました。なにぶんにも山間悪路のことゆえ、タイヤの消耗は予想以上に激しい。拡売の絶好のチャンスです。

前田組、大林組、鹿島建設の工事事務所に、冬期は丈余の積雪の中、それを踏みわけては足繁く担当者は通い続けたものでした。注文をもらうためとはいえ、その苦労は大変なものであったろうと今もねぎらいの気持でいっぱいです。

◇

▽バス会社攻略をめぐって

当時、バス会社は唯一の大口需要先で、各県の代理店がそれぞれ有力なバス会社につながりがあり、実績を持っていました。

その中で、福島交通、郡山の県南バスは織田大蔵氏のワンマン経営でタイヤはヨコハマオンリーでした。

よし、何年かかってもやってやろうじゃないかと無手勝流の正攻法。で、門前払い連続3ケ月の期間が過ぎました。

『またきたか。じゃ、話を聞いてやろうか』と初めてのチャンスが訪れました。大きな茶碗を持ってきて、どうぞと出された。てっきりお茶だと思いきや、これが何とお酒。しかも飛びきりの熱燗。ガブッと飲んで、ありゃ?!……てなものですが、向こうの薄笑いの顔を見て、こりゃあ飲まなきゃと一気に…顔が真っ赤になってそれを面白がる茶目気のある人でしたね。

そんなこともあったりして、結局、ブリヂストンを買ってやろうということになりました。

次の難題が、ヨコハマと競り合いをさせられたこと。

双方に、『相手はいくらまで下げると言ってきているぞ…』

ヨコハマだって大切な虎の子のユーザーでしたから、まして半分までウチがとってしまったものだから、あわてて価格協定を結ぼうと申し入れてきました。いいよ、って応じたら、これがどこでどう伝わってしまったものか、織田天皇がおこってしまった。

『ブリヂストンはけしからん。買ってくれと頼み込んできたから買ってやったんだ。ヨコハマがいくら安くしたからといって、お互いに話し合いをして値段を下げないと決めたのはけしからん』。また、門前払い。私が行ったら、『ちょっと今日は取り込み中ですから、またおいでくださいと言って、断われ』。この声がよく聞えるんですね。

自宅まで押しかけたが、会ってくれない。最後には手紙を書きました。手紙なら読んでくれるだろうと思って……。結局は、こっちの誠意を認めてくれたのでしょう、ようやくのことに復活させたものでした。

骨は折れましたが、毎月現金で買ってくれました。そして、たびたび料亭に招待され、繭の仲買時代の話やら若い時の苦労話などを聞かされました。――強く印象に残っている方の一人ですね。

仙台に陸前バスという会社がありました。ここも千葉三二郎氏のワンマン経営。

ウチの実績は皆無でした。

たまたま、私が訪問したら在社していましてね。東北弁の訛りがひどくて、言っていることがよくわかりませんでしたが、『んだすか』ばかり連発していたら、どこか気に入られたんでしょう。全部ウチにくれたんです。仙台と仙北地方の定期路線バスで、台数も65台位の中堅のバス会社でした。

ありがたかったのは、タイヤをチョコチョコと取り換えない。年に何回かリアを一度に取り換えるのでまとめて注文が出たことです。その代りといっては何でしたが、とても癇性の強い人でした。会社に電話をかけてくる――『千葉だが』。千葉姓は東北には多いので、どちらの千葉様ですか？　と女の子が言ったら、ガッチャン。そして自動車ですっ飛んでくる。

『あんたのところは、何の某と言わないと取りつがんのかッ!!』烈火の如くにいかる。そうかと思うと、新米の出る頃の早朝、私の家にドスンと、まるで風の如くに現われて、米俵を投げ込んでくれたりする。

また、ステレオを買ったので聞きにこい……行ってみれば流行歌を何曲も何曲も聞かせ続けたり、いやはや個性的な御仁でした。

創業者御夫妻が東北のユーザーを訪問されたことがありました。昭和30年の秋でしたね。その時に千葉氏にお会いになりました。

『ブリヂストンは、九州の田舎でタイヤをつくって今日になったけれども、最初は小さい無名の会社で……先代の苦労を忘れないように』と、お説教をするのです。あんまりお若いので二代目だと思ったのでしょうね。

柴本常務が、『この方が創業者ですよ。』と言ったら、ビックリしてました。

織田氏は物故され、千葉氏は健在。私が東北で出逢ったワンマン経営者、そして、懐しく思い出されるユーザーさんの双璧です。

そしてそれは、私の仙台時代の新規開拓の思い出ともオーバーラップして、福岡へ仕事の場を移して以来再び戻ることのなかった東北の、懐しい明け暮れのフイルムの一コマです。

もう一つ、この時代に私に協力してくれた社員各位は、後日、支店長、販売会社社長、幹部にとそれぞれ昇進されていますが、苦労を共にして大変ご努力くださったことを附記しておきます。

私のことで言えば、その後九州へ戻り、久留米支店時代の地元福岡県のシェアアップ、各県業種別販売会社の設置。次いで、福岡販売時代のSSルート開拓、福岡県地盤強化のために県内デポを増設して高シェア地区を確立したこと等々…。

若いブリヂストンのみなさん。我々のあとをしっかりと、よろしくお願いします。今はそれだけです。ありがとう。

織田大蔵と袴

◎…福島交通の織田大蔵といえば、一世を風靡した業界の大物。

文芸春秋誌に連載されるなどケチの程度はケタはずれ、金銭をめぐるトラブルはひっきりなしだが、裁判が趣味と豪語するだけあって、裁判では近親者とも骨肉の争い…

したがってウラミを買った人は数えきれないから、自宅の防犯装置は徹底してて、会うのはもとより近づくことも容易でなかった。

けれど気に入った人には小判を土産に持たせるなど結構、愛嬌もあった。

47年の正月、柴本家に年始方々、初碁に伺ったら…

柴本さんが羽織袴の正装でソファーにデンと座ってられる。(自宅では常に和服で通された。)

何事ならんと思ってたら、柴本さんがやおら立上って後ろを向いたら、何と、袴の後半分が無い。

袴ならぬ前垂れ袴。

『ケチな織田大蔵が褒賞の祝いに贈ってきたんだヨ。センスがあるネー。』とニコニコ

それにしても前半分の袴の発想は面白い。

オートバイから撤退

石橋正二郎を攻めの人、とすれば柴本重理は守りの人といえるだろう。今回は、正二郎と重理の触れ合いのエピソードとブリヂストンがオートバイから撤退した背景をたどる。

正二郎は晩年、現役を引退する時、創業の頃から苦楽を共にした重臣7名に楯を贈って彼等の功績を労った。

7人の侍は、松平信孝、瓜生一夫、柴本重理、仲嶋與一、赤司二郎、黒岩登、福山壽の7名で、そのほとんどが正二郎を「畏敬」していたのに対して柴本重理だけが「敬愛」の念を持っていたフシがある。

それは、ほとんどの重臣が正二郎の名を聞くと一瞬、表情に緊張が走るのに対して、柴本だけは逆に表情がゆるむ。

柴本が正二郎を敬い、そして慕う感じのエピソードをここで一つ紹介しよう。

これは、平成元年4月に録音したものだが柴本が正二郎を語る時かならずといっていい程、出てくる面白い話しである。

「石橋さんには、40年もくっついていたので、全国の販売会社へ行ったり、ユーザーのところへ行ったり、数え切れないほどいっしょに旅行もした。

その人となり、について感心させられたこともいろいろあるし、思い出も多いが、その一つは、たくまずしての倹約精神の持ち主であったということ。

ある年の夏、いっしょに大阪支店へ行って旅館に泊った時のこと、夜のお客と一杯飲んで宿に帰ったら、当時のことで蚊帳がつってあって蒲団が二つ敷いてある。やがて、女中がお風呂をどうぞ、と呼びにきたので、『社長、お先にどうぞ。』ということで、私は暑いので裸になって蒲団に寝ころがっていたら、そのまま眠ってしまった。

翌朝になって、石橋さんから『君は体が丈夫だねー』といわれたところまではいいんだが、さて下着を着ようと思ったら、私の下着がなくて、社長の下着らしいのが残っている。

「間違って着ていかれたんだナ」と思って、その下着を手にとってみると、なんとツギが当っている。我々がきちんとした下着を着ているのに、何百億という資産家の石橋さんがツギのあたったものを着ている。これには非常に感銘をうけて、結局、石橋さんには何もいわずにそのままツギのあたった下着を着て帰ってきた。

元々、そういうことには頓着しない人で、靴下なども穴があいていても平気だった。」

と述懐している。

何れにしても、正二郎と一つ蚊帳の中で寝た家臣は、柴本一人だっただろう。

柴本は滅法朝が早い。6時前に主要な新聞に目を通し、そして前夜、自宅に持ち帰った書類を総てチェック、朝一番に各部署に書類を返した。

柴本重理の揮毫

書類は一日たりとも留めることはなかった。この伝統は、今だにリプレイス担当常務の伝統として受け継がれている。

〝僕は酉年だから朝が早いんだョ〟と何度か耳にしたことがあるが、正二郎は、この柴本よりも朝が早かったことになる。美術鑑賞しかなかった趣味の残りの趣味は総て仕事。従って正二郎は、寝る間も惜しんで仕事に明け暮れた、と思われる。

正二郎と重理のこうしたエピソードは、数え切れないほどあるが、こうした関係の中にも主従関係は厳然としてあった。

進退伺い

先般（平成15年9月）、ブリヂストンの栃木工場で火災事故が起きた。不幸なことに現場の社員は、死を以って責任を果した。

正二郎と重理が、もし健在であったら彼の死に、二階級特進で報いたと思う。そして葬儀には、全重役が列席したであろう。

現実は何うであったのか、知る由もないが、組織を動かす上で、信賞必罰は何より大切だ。

かつてのブリヂストンの猛者達は例外なく、始末書の一つや二つ、書いている。やり過ぎ、行き過ぎ、不可抗力のケースもあったと思われるが、この始末書、支店長の時に書かされると、役員への道を閉ざされる…という重くて、深い意味もあった。

柴本重理は、三回、正二郎に辞表（進退伺い）を出していることは前に触れたが、第一回は、前夫人と離別の時、第二回は、オートバイからの撤退を進言して、正二郎の逆鱗に触れた時、第三回目、昭和49年、新潟県の取引先で川崎商会（出光系代理店）の川崎俊平社長が経理担当専務の使い込みで急遽、3億円の資金が必要になった時、役員会を開くことなく独断で3億円を用立てた時の三回である。

離別の時は、プライベートなことで関係なし、一笑に付されたがオートバイの時は違った。

周知の通り、ブリヂストンは、自転車に簡単なエンジン（50cc）を装着したバイクが爆発的に売れたことからモペット、オートバイの生産に踏み込む。昭和33年当時のことである。

そして「チャンピオン1型」から「2型」「3型」へと深みにはまり出す。

柴本は、本田宗一郎、藤沢武夫とは、酒の付き合いの多い盟友。そんなことから『工場を見せてくれんか』と宗一郎に声をかけたら、『何時でもいいぞ。』ということで、工場を見るのだが、そこで柴本は〝ガク然〟とする。

生産性が本田の3分の1以下であることを知る。さらに柴本は小売店に寄せられる苦情を何度も、直かに聞いていて、オートバイは問題が多い。撤退も考えるべきことを役員会などで進言していた。

けれども生産部隊は、中島飛行機の流れをくむ富士精密工業の技術を過信してチャンピオン拡大路線を主張、販売部隊は、黒岩登が中心になって積極論を展開した。

何事によらず議論が対立すれば、積極論が主導権を握る、としたものだ。

柴本は仕事の大半は、地方廻り、現地現物主義を貫いた。

おそらく一週間のうち本社にいるのは一日か二日、得意先を回り、第一線の部隊には、本社で発信した指令が地方で何う受け取られ、展開されているかを丹念にチェックし続けたのである。

恐らく、上場企業の全役員の中で列車、飛行機、クルマに乗った延べ距離で、柴本をしのぐ者は一人もいまい。

これは柴本の哲学の大切な側面の一つだが、結局、オートバイ撤退は、正二郎にはなかなか受け入れてもらえなかった。

昭和37年6月、柴本は正二郎からヨーロッパを見て来い、と旅に出される。この時、柴本の随行は、後に五代目の社長になる家入昭が申し付けられている。

販売会社の系列化を徹底的に押し進め実績も上げ、業界では黒岩天皇とまでいわれ、飛ぶ鳥を落す勢いの黒岩登がオートバイ推進を強く叫び、自動車（プリンス）からの撤退には、さして〝こだわり〟を見せなかった正二郎も、オートバイは自転車の延長線上にある商品でもあったし、正二郎は柴本を海外の旅に出して、「前進」

か「撤退」か悩み続けた。

正二郎は、ここで間違えなかった。ヨーロッパから帰った柴本にオートバイからの撤退を伝えた。

この命を受けて柴本は、直ちにこの撤退作戦を極秘裡に石井公一郎に指示した。下手に撤退をすれば、全国の代理店から〝ノレン代〟等の要求があることは必至であったからだ。

石井公一郎は、海外市場を巧みに使い分けながら『只今は品物がありません、近い内に必ず…』を繰り返させ、取引先が怒って取引停止、出入禁止を相手側にいわせたのである。

争臣、柴本の建議

昔者、
天子有二争臣七人一、雖二無道一、弗レ失二天下一。
諸侯有二争臣五人一、雖二無道一、弗レ失二其國一。
大夫有二争臣三人一、雖二無道一、弗レ失二其家一。

何だこれは、漢文の勉強か？

いまでは死語になりつつある〝争臣〟の言葉を思い出して追っかけて見つけたのがこの文章である。

「孝経」の中の一節で、直訳すると、昔者（むかし）、天子に争臣七人あれば、無道といえども天下を失わず。諸侯に争臣五人有れば無道といえども其の国を失わず。大夫（だいふ）に争臣三人有れば無道といえども其の家を失わず。と説かれている。

国も企業も争臣が居なければ、たちまち滅ぶ、と諭している。

正二郎は、新製品を事業化する時、ほとんどの部品を内製化するのを常としていた。

旭カーボン然り、ＪＳＲ（合成ゴム）然り、ナイロンコード、スチールコードも総て内製化している。

正二郎は市販されている材料、部品で造ったものは、その程度のレベルで他社品より優れた製品を造ることは出来ない、という信念を持っていた。

従って自転車を事業化するに当たっても全部品をことごとく内製化、工場は、おもちゃ箱をひっくり返したような状態だった。戦地から復員してきた争臣、柴本重理は、初めてみる自転車工場をみてびっくりする。「自転車工場は本来、組立てアセンブリィでするのが基本であって、部品は専門メーカーから調達するもの」と直言し、正二郎は「おれの工場を町工場にする気か。おれは堂々たる大会社にする積りで、一貫工程の大工場を造ろうと思っているんだ。」と激怒するが、熟慮して後に柴本の意見を取り入れる。

その決断が自転車メーカーのトップになる基礎を築くことになるが、自動車もオートバイもそして、その他の数多くの事業にも柴本はストップをかけ続ける。

ここに平成元年4月に集録したテープを回してみよう。

このテープを聞くと争臣、柴本の直言が手にとるように解る。

「オートバイの時もそうだったが、石橋さんは、どちらかといえば、一つのものを始めると執着心がすごく、いったん出ていったら引っ込めるのが嫌い、という性格だった。

それだけに引っ込めさせるのは大変だったが、いつも私はその〝辞めさせ役〟という役回りが多かった。

昭和26、27年ごろだったと思うが、石橋さんが欧州から糸ゴムと廊下に敷く建築資材のゴムシートを買ってきて『これをやれ！』といわれたことがあった。

糸ゴムについては、ゴルフボールにも使えるのでやってもいいナと思ったが、調べてみると糸ゴムの業界は、いわば昔から中小メーカーがやっていて額も大したことはない。だから中小メーカーを圧迫してまでブリヂストンがやるほどのことはない、と進言してやめてもらった。

またゴムシートは、現在の本社ビルを建てた当時、既に横浜工場の一部に生産ラインができていて、製品を本社ビルの床材に使ってみたが、家具を置いておくと全部その跡がついてしまって表面がデコボコ、クレームがつくのがオチ、といってこれもやめてもらった」と語っている。

柴本は、年中、本社の席を暖める間もなく地方回りを続けていたが、昭和20～30

年代は、得意先がバス、タクシー、運輸関連などに限られていたこともあって〝自分は石橋商店の番頭でございます〟と相手側を驚かせたり、感心させたりしている。従って、外からみると単なる忠臣とみる人も少なくないが、現実は、争臣にして重臣であった訳だ。

柴本と仲の良かったライバル会社の吉武廣次（横浜ゴム社長）がいった「ブリヂストンの売上げの半分は柴本さんだネ」という言葉もうなずける。

柴本が争臣として、正二郎の手がけた事業の中から切り捨てたものには共通点が二つある。

一つは、中小企業で手がけている分野には手を出さない。

二つ目は、事業化してトップになれる見込みのないものは、やらない。

この柴本の哲学には統制時代に辛苦をなめた3位メーカーとしての悲哀を嫌というほど味わった、その経験から生まれたのだろう。

最近の企業を見ていると、果たして争臣が何人いるのか…気懸りになる。

企業に争臣は最低一名は必要だし、逆にいえば三人ぐらいの争臣を捌く度量がトップには求められる。

ここで再び、柴本の経営哲学のテープに戻る。「どの事業でも一度手がけたものは、その業界のトップシェアになれ、ということを指導の基本としている。

これは、言葉をかえれば、一位と二位の違いが、どれだけ違うかということをよく認識しろ、ということだ。

一位と二位の世間の評価の差というのは、皆なが考えている以上に非常に大きい。また一位であることによって、世間からさらにまたそれが評価される、という、ひとつの波状効果のようなものも生むものだ。これは二位の悲哀を経験してみると良くわかる。

だから、タイヤでも化工品でも自転車でもやる以上は二位になってはいけない、トップにならなければいけない。

ゴルフボールなどもその一つ。まだ充分とはいえないが、どうせゴルフボールをやるなら、ゴルフ部隊だけでなく、全ブリヂストンの力を集中してぶつかれ、ということをいった。

ブリヂストンの名家老…柴本重理（1979．6撮影）

例えば、ある一つの分野では、うちの方が小さくても、全社をあげて100の力でその分野をバックアップすれば、まず負けない。

会社の力というものは小キザミに使っては本当の力が出ない。その力の使い方が大切だ。

そうして力を集中して、その分野で一位になったらまた次のものに全力をあげて取り組む。ひとつずつトップになっていって、とにかく、うちでやっている事業は全部トップシェアをもつように、というのが大切だ。

そういう意味で、オートバイをやめたのは、ホンダさんの工場などをみて、「これではとてもトップにはなれないな」と感じたからだ。いくらトップを狙うといっても、ただがむしゃらにやるのはムダ骨。冷静に比較しておよぶものとおよばないものがあり、これは見分けなければいけない。」

柴本の表現は、やさしいけれど〝含蓄〟がある。

オートバイ

◎…オートバイからの撤退を決めてから国内販売を中止（46年11月）するまで実に6年かかる。

37年頃だったと記憶しているが、チャンピオンの発表会が品川のプリンスホテルのプールサイドで行われた。プールサイドでマスコミに試乗会を…という実車付の発表だった。処がプールをグルグル回り始めたオートバイがあちこちでエンストしだした。考えられないことである。ブリヂストンの帽子をかぶって白いツナギを着た技術サービスマンがあっちこちでオートバイをチェックするが、会場は混乱した。テストなら解るが、試乗会でのこの大失態はガク然というよりボー然という感じだ。

正二郎にこの状況が正しく早く伝わっていたらオートバイからの撤退はもっと早まったろう。

ブリヂストンは50年史の中で①市場調査の不充分、②技術力の過信、③テスト不足、④原因追及の不徹底、を自ら指摘。この悲痛な体験を後世にくり返さない教訓として記憶されなければならないと記している。

黒岩登がブリヂストンからサイクルに転出したのは昭和46年、柴本が社長になったのは2年後の48年になる。

柴本さんと私の出会い

昭和32年10月、公正取引委員会は、タイヤメーカー6社に対して「価格協定」に関し警告を行った。

この当時のタイヤ生産は年率二ケタ増が続いていたが、特に昭和35年は前年比54%増という脅威的な数字（約9万トン）を記録したが、それでも乗用車タイヤの比率は17%程度でモータリゼーションの初期にあった。

業界は価格協定に関する警告の後遺症が尾を引いて赤字決算企業も出るに至った。

この傾向は、40年不況に向って合理化カルテル、不況カルテルの結成に結びつくが、その前段として通産省の産業構造調査会がスタート、タイヤ協会を中心に業界の各種委員会が良くも悪くも活発化していた。

昭和37年、青山学院大学を卒業と同時に、私のゴム工業通信記者の取材活動は、アルバイトから本業に代って取材が始まった。

当時の日本ゴム工業会は、ブリヂストン本社ビルの3階にあり、ゴム工業会の一隅に記者クラブがあった。

日経、時事、共同、日本工業、日刊工業、日刊自動車、交通毎日、ゴムタイムスの記者をピンとすれば、タイヤ情報の私は正にキリのドン尻だった。

先輩の記者は、記者クラブで雑談をしたり、将棋を指したりしてから、それぞれ取材先に飛び散るのだが、原稿を書くスピードといい、会話の内容といい、私には総てがケタ違い、迫力と新鮮さに満ち溢れていた。

36～37年頃は、まだ統計資料もしっかりしていなくて、日本ゴム工業会の統計は記者連にとっては、ネタの原資として欠かせないものであったが、段々とゴム工業統計の原資を作製するタイヤ、ゴム、ベルト、ホースという部品毎の団体への取材が中心になりだした。

私の場合は、日本自動車タイヤ協会が総本山になってきた。

昭和24年当時のタイヤ協会（ジャトマ）の会議の回数を50年史でたどると理事会が一年間に42回で毎週開かれていた計算になる。需給委員会が98回、資材委員会が102回、その他の会議を加えると何と実に411回もの会議を開いた、というから、タイヤ協会の役割は大変なものだった。

当時は、ロシアが鉄のカーテンならジャトマはさしずめ青銅のカーテンくらいの重くて固いカーテンがあった。

初代の専務理事、林紀子夫に面会を求めると20分くらい平気で待たされ、会ってもウンでもスーでもハーでもない。全く取りつく島もない。けれども役者バカというか聞屋バカというか、スクープをしたい一心で熱心にジャトマに通った。

最後には林紀子夫がネを上げたか…ポツリと『それは柴本さんが何とおっしゃるか…』とひと言もらした。

それもそうだろう、この頃は、業界は合理化カルテル（溝の深さの制限）と不況カルテル（生産数量の制限）という準備段階にあったほか、この年の11月には競争についての思想統一を図るため社長会、最高技術会、そして問題のＦＢ（フェア・ビジネス）会の設立もあったから、ただでさえ重い林紀子夫の口がさらに重くなるのは当然であった。

その頃は、柴本重理と横浜ゴムの猪飼昌一と、ダンロップの林紀子夫が統制時代の〝三人の侍〟の関係にあったことは夢想だにしてないから、駈け出しの記者がその辺の情報をキャッチ出来る筈もなかった。

結局、柴本に会えなければ何も取材が出来ない、ことだけは解った。

私の記憶では、3カ月間ぐらいだったと思うが、思い悩んだ末、決断したことは、柴本に思い切って面会を求めよう。そしてそれが駄目なら、この業界を去ろうと決心した。

その時の秘書は、多分、小渕さんとおっしゃる方だったと思うが、兎に角、電話で社名と姓名を名乗って、『柴本さんにお時間を頂きたいのですが』と単刀直入に申し入れたら…、即座に、『何日の10時は如何でしょう。』といわれて、驚いたけど直ぐお礼を言って電話を切った。

当時の柴本さんの存在は雲の上のそのまた上の人、という感じだったから私は咄嗟に秘書が日経の記者と間違えたナ、と直感したが、その時はそれまで、と意を決して、指定された日に9階の柴本専務の部屋に入った。

広い専務室の右側の端に応接セットがあって、そこで私は矢継早に質問を続けた。難しい、微妙な質問ばかりだ。その時間が一時間のようにも思われたが実際は15分ぐらいだったらしい。柴本さんは、てきぱきと私の質問に応えて下さった。

『有難うございました』と礼を述べ部屋を出る時、柴本さんが『またいらっしゃい』と私の背中に声をかけて下さった。

取材に本腰が入ったのはこの時からになる。勉強しないと、この人に会えない、と肝に命じて、当り前だが〝業界のため〟の取材に走りはじめた。

取材の基本は、愛想の悪い会社から回る、好きな会社は最後に回る、人も会社も同じ要領で嫌な人から…を心掛けて取材が始まった。

聞屋の大半は、判官びいき、つまり後発メーカーの日東タイヤ、オーツタイヤの応援団になる。

けれど応援も空しく、メーカーの再編成はすすみはじめる。

特別展望車

◎…今回は明るくて楽しい話を柴本さんのテープから紹介しよう。
このエピソードは、特別展望車の一等車のある時代だから昭和25～26年頃のハナシと思われる…。

『その展望車には、数人の給仕さんが乗っててネ、そのうちの一人が石橋さんの昌子夫人によく似た上品なうりざね顔。石橋さんは、すっかり気に入ってしまった。

それで石橋さんが私に〝君、彼女にチップを渡してくれたまえ〟という。それも、何回も念を押すんですヨ。

よっぽど彼女が気にいったんだな、と思ったから…、〝社長、彼女をうちの会社に引っこ抜きましょうか？〟といったら、〝うん、いいネ。だけど君のところに置いてはダメだよ〟。といわれて、これにはマイッタ。

普段、仕事でしかつき合いのなかった人には、こうした石橋さんのかくれた一面というのはわからないが、私などは石橋さんがもっているこうした無邪気な一面を知っているだけに、よけい敬服する気持ちが深いかもしれません。』

哲人、正二郎と重臣の面白いやりとりである。

〈石橋正二郎・年譜②〉

昭和33年 (1958) 69歳
2月 成毛収一、取締役就任
6月 第2久留米工場竣工
7月 日本自動車タイヤ協会会長に就任
東京工場着工
12月 柴本重理、専務取締役就任

34年 (1959) 70歳
11月 「シス・ポリブタジエン」発明

35年 (1960) 71歳
2月 フランス文化情報相アンドレ・マルロー、ブリヂストン美術館に来館
3月 東京工場操業開始

36年 (1961) 72歳
1月 富士精密工業はプリンス自動車工業に社名変更
2月 成毛収一、常務取締役に就任
5月 ブリヂストンタイヤの株式公開

37年 (1962) 73歳
3月 ブリヂストン那須工場操業開始
10月 東京工場第2期工事完成技術センター完成

38年 (1963) 74歳
2月 ブリヂストンタイヤ会長に就任
社長に幹一郎就任
柴本重理、取締役副社長就任
4月 東京工場にコード工場完成

39年 (1964) 75歳
10月 「デミング・プラン推進本部」を設置
11月 勲二等瑞宝章を授与される
世界ゴム企業の第10位にランクされる

40年 (1965) 76歳
4月 ブリヂストンマレーシア、シンガポール工場操業開始、プリンス自動車と日産自動車の合併発表
5月 「ブリヂストン・インペリアル・イーストマン」設立

41年 (1966) 77歳
4月 創立35周年記念式典を東京工場で挙行

42年 (1967) 78歳
7月 米国に現地販売会社「ブリヂストンタイヤ・アメリカ」設立
8月 成毛収一、取締役副社長に就任

43年 (1968) 79歳
1月 ブリヂストンタイヤ社是制定(「最高の品質で社会に貢献」)
上尾工場操業開始
3月 彦根工場操業開始
10月 タイ・ブリヂストン工場操業開始
11月 デミング賞、受賞

44年 (1969) 80歳
5月 東京国立近代美術館竣工、寄贈式を行う

45年 (1970) 81歳
1月 「ブリヂストン・ベカルト・スチールコード」設立
3月 資本金百億円になる
6月 下関工場操業開始
7月 鳥栖工場操業開始

46年 (1971) 82歳
4月 栃木工場、熊本工場操業開始
7月 世界最大のタイヤ(40・00－5760プライ)を下関工場で生産
12月 札幌の地下鉄がブリヂストンスチールタイヤを採用

47年 (1972) 83歳
9月 「ブリヂストン・スポルディング」設立(1977年「ブリヂストンスポーツ」と改称)
この年、オーストラリア、イギリス、デンマーク、カナダに現地販売会社設立

48年 (1973) 84歳
5月 ブリヂストンタイヤ会長を辞任
会長に幹一郎就任
柴本重理、取締役社長に就任
甘木工場操業開始
9月 「ブリヂストンタイヤ・インドネシア」設立
10月 ブリヂストンイラン㈱設立

50年 (1975) 86歳
6月 栃木および那須工場視察(これが工場視察の最後)
9月 資本金203億円になる
11月 自動車タイヤ専用テストコース着工(栃木県黒磯市)

51年 (1976) 87歳
1月 女婿成毛収一死去
3月 東京日比谷病院に入院
9月 11日、日比谷病院にて死去
24日、従三位勲一等瑞宝章追贈

正二郎と「社内報」

ブリヂストンは、かつて社内報として「ＢＳニュース」、社外報として「ブリヂストン・ニュース」という二つの小冊子を毎月発行していた。「ＢＳニュース」の担当責任者は、人事部長が編集長を務め、そのほかの委員は各セクションから選任されていた。「ブリヂストン・ニュース」は、企業宣伝ということで宣伝部長が編集長を務め、社内報と同じく販売、海外、生産、経理など主な部から委員を選任し、問題によっては常務会に附議されることもあった。

最近の各メーカーの社内報をみると、一～二名の広報担当者が片手間としかいえないようなノリとハサミで出すお粗末な冊子が多く、社長交替の時などは、少し力の入った社内報も出すが、季刊になったり、二カ月合併号になったりで、社内報に対するコンセプトが石橋正二郎とは、まるで違っている。

正二郎は、社内報を単なる意志伝達の手段、情報やニュースの回覧版としてではなく、経営理念、哲学を社内全体に伝える大切な手段として大切に位置づけていた。従って、内容は手紙のようになったり、明日へ向うブリヂストンがどのようなイメージで進んでいるかを綴ったり、著名な作家の随筆や美術コレクションの写真を紹介したり、兎に角、皆んなが読んで楽しくなる、毎月の発行日が待遠しい、という内容になっていた。

全社員の知的教養を高める場でもあった。だから編集委員の選任も、テーマによっては常務会に諮るのは当然のことで、全部の原稿がゲラ刷りになって校正まで総て終った段階で、正二郎のゴーサインの「印」が押されてはじめて印刷に回されたものである。

政財界の要人とのあれだけ激しい交流と、目が回らんばかりの各事業計画の選択と決断など、正二郎にとっては単に〝激務〟という表現では済まされない忙しさなのに、社内報には全部、目を通して押印する、その仕事だけは、怠らなかった。

前にも触れた通り、正二郎は、日経、朝日、毎日、読売の順で丹念に目を通して、中長期の計画を修正、決断して行った。

ブリヂストンほどの企業規模なら、経営企画、企画本部など数10名のスタッフがいて当り前だが、ブリヂストンには、それに相当するセクションが、当時は全く無かったし、いま以って同社の企画本部に相当するセクションは、あるといえばある、ないといえば無い状態が続いている。

つまり正二郎は経営企画、特に企業の生命にかかわる新工場建設のタイミングと位置と規模を一人で決断していたから、彼にとって時間は、大幅に制約されていた筈だが、社内報には逐一、目を通す、それくらい全従業員との気持の交流を大切にしていた、ということになる。

いまはインターネットの時代、アクセスさえすれば、企業がどっちに向って走っているのか、それはリアルタイムで解るシステムになっているが、それは単なる情報、ニュースの伝達であって、哲学と理念は伝わらない。

インターネットがあるから、といって社報をおろそかにすることは、全社員に伝えるニュースはあっても経営陣の伝える哲学と理念がない、といわれても致し方ない。

社内報に正二郎がどれだけ熱意を持って処していたかを示す一つのエピソードを紹介しよう。

表紙事件

社内報の表紙事件、というのがあった。

昭和36年当時の或る日、編集委員の一人であった小島直記が突然、社長に呼び出された。

何事だろうと思って役員会議室に入ると全常務がずらりと座っているが、部屋の雰囲気はただ事ではない、全重役の表情は暗く堅い。

小島は一瞬にして、事態の深刻さと欠席裁判を直感するが、何が起っているのか見当もつかない。

突然、正面に坐っていた正二郎が印刷物を小島直記に投げつけた。

『一体これは何だ！』拾い上げてみると「ＢＳニュース」の表紙の写真で正二郎が笑顔で握手している写真だが、相手は手だけしか写されていない。相手は労働組合の委員長だったのだ。

『非常識も甚だしい！』という罵声を背に、小島直記は無念の思いで引き下がる。

彼にすれば、正二郎が怒ったのは解ったが、彼がこの表紙を目にしたのは、この時がはじめての事、弁明もしたかったが、その場の雰囲気はそんな生やさしいものではなかった。

彼は部屋に戻ると怒りがこみ上げ、辞職を覚悟して、正二郎宛に文書を書く。一つは、その場で初めて表紙を見た事、その次は、一言の釈明もさせず、いきなり表紙を投げつける、そんな無礼なことが通る会社か、という抗議文でもあった。

翌日直ぐ、木村秘書役から『社長がお呼びです』と連絡が来た。

小島は、クビは覚悟、ハラを決めて社長室に入った。

社長室に一人でいた正二郎は意外にも柔和な表情で小島直記の書いた「反駁書」を返しながら、『そげん怒らんでもよかろうもん』と同郷同士の筑後弁で親しみを込めた。直訳すると『そんなに怒らなくてもいいではないか、私が悪かった、済まん。許してくれ。』という内容になるであろうか。

この事件がきっかけになって、小島直記は、正二郎の「私の歩み」の口述筆記を担当することになる。

二人はこうして奥多摩の鳩林荘で長い時間を共に費すことになるが、この期間が作家としての後の小島直記に何れだけ寄与したか計りしれないものがあろう。

この当時の社内報の幹事役を務めていたのは、人事部の松谷元三だが、社内報の内容が気に入らないと正二郎は、印を真逆様に押したそうである。

社内報に関して、正二郎が烈迫の気合いで立向っていたことが激しく伝わってくる。

社内報の随筆から

和而不同

◎…正二郎が書く色紙は数多いが、随筆集の中で力を入れているのは、和而不同（わしてどうぜず）と千紫萬紅がある。

和而不同の記述を社内報から紹介すると、

「私は商業学校時代、クラスの殆どが参加したストライキにも加わらなかった。十七歳で家業の仕立物屋を継いだが、これを独断で足袋専業に改め、このことで父から大変叱られた。タイヤ事業化のときも、反対者は多かったが私の決意は変わらなかった。

終戦直前のこと、軍から敵の九州上陸に備えて、久留米工場を本土に疎開するよう要求された。私はこれを拒絶し、このために生産責任者を退めねばならなかった。

協調は必要であるが、雷同して自主性を失うことは禁物である。」

千紫萬紅

◎…そして千紫萬紅については、

「色とりどりの花が咲き揃い、繚乱たるありさまは実に平和で明るい。それは巧まずしてなれる自然の姿であり、神の摂理が感じられる。世の中も、人それぞれが分を尽し処をうるならば理想的といえよう。私はこの言葉が好きで、昨今揮毫を求められてこれを筆にすることが多い。」と記しており、美しさもさることながら、人を花に例えて、適材適所の深い処に感じるものがあったと思われる。

ここに収録している千紫萬紅は、筆者が石橋家から頂いた、ちりめんの黄地に白ヌキの風呂敷の中の揮毫で、縦一行の千紫萬紅は珍しい。

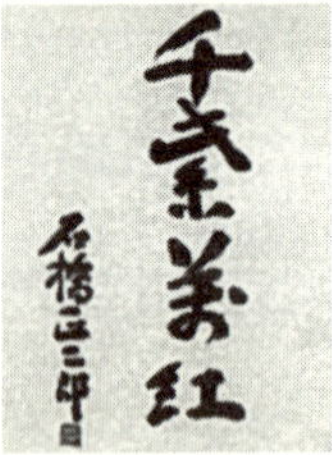

社内融和の秘訣
正二郎「訓示より社内報」

正二郎が社内報に、なぜ、あれほどの情熱を傾けたのか、それはいうまでもなく、彼自身の決断を、実行する社員に張り切ってもらう〝ため〟にほかならない。従って社報の登場人物は、正二郎を別格とすれば、ほとんどが一般社員。今回は、少々長いが、その内容の一つを紹介する。

後でタイヤメーカー各社の創業当時からの売上高のグラフをお目にかけるが、その曲線は、一目で〝うーん〟とうならせるものがある。

ひょっとすると、その曲線だけで「光と影」の記述は、いらないくらいの迫力がある。

なぜ、グラフの曲線がそうなったのか、それは、つまるところトップが〝企業は人なり〟―という意味をどれだけ深く理解しているかにつきる。社員の気持を昂揚させるか、それとも逆にくさらせるか、それは大変な差になる。

社員の気持を昂揚させるためには、社内の風通しを良くするとか、公平な人事を行うとか、信賞必罰をキチンとするとか、評論家が好みそうな事項は幾らでもあるが筆者の感じでは、僅か40～50ページの社内報が、そんな事よりはるかに優ると思う。

昭和36年当時の「ＢＳニュース」の中に訓辞めいた記述が全くない訳ではないが、ここで紹介する社内報には、あまり難しい記述はほとんど無く、ただひたすら主役の社員が何人も登場して仕事やサークル活動の状況を楽しませる。

「ＢＳニュース」Ａ５版は、薄い時は38ページ、厚い新年号でも50ページしかないが、一冊を例にとると社員の顔写真だけでも97名出る。

この97名は、編集事務局が予め用意した「愚問愚答」という欄に、登場するが、内容は愚問「初夢は何を見たいですか?」という質問に、投稿した社員の答えが10数行ずつ出ているだけだ。

内容は、特にコメントの必要もないが、97名ともなると、全国の各事業所から2～3人は知った人の顔写真が出るから、それが社内活性化の最大のキッカケに繋がる。

要は訓辞でなく身近な先輩、後輩が、入り乱れて登場してくることにある。

今回は、社内報の中から20年勤続した横浜工場と東京工場の班長、主任クラスの招待旅行後の座談会を紹介しよう。

既に事務局で多少の修正をほどこされていると思われるが、この座談会が、社内の風通しを良くする、ということにいかに役立っているかは解説の必要もない。

正二郎は、毎年、同社の幹部を11月初旬、府中の鳩林荘に招いて観楓会を催し、奥多摩園には、全国の各事業所毎に大勢招待して、寿司、焼鳥、おでん、蕎麦の出店を設けて正二郎が自ら労をねぎらうのを常としていたが、こうした常日頃の招待、接待の気持が、20年勤続の招待旅行にもよく出ている。

良き時代だったから…で済ませられるのかどうか一考の余地はありそうだ。

座談会

司会　みなさん元気に招待旅行からかえられて何よりです。久しぶりに久留米や、大阪、京都に行かれ、楽しい思い出もたくさんあると思います。今日は、ざっくばらんに、旅行のおはなしをおねがいすることにして、まず、久留米工場はいかがでしたか。

小野　なつかしかったですね。右をみても、左をみても、昔なじみがたくさんおるんだから。

弥永　久留米駅にはアパートの家族の方なんかたくさんこられて、多数の出迎えをうけました。実は、久留米についたら工場まで歩いて行くのだろうと思っていましたが、ハイヤーを用意してもらったわけで、ハイヤーで会社までパレードをしました。音楽隊が社歌を奏でながら迎えてくれたあの時は、私、ほんとうに涙が出るほどうれしかったです。

原　本当に久留米に招待されるとは、思っていませんでしたが、久留米であのように歓迎されると感激します。

松本　私はどっちかというと、あまり涙の出んほうですが、弥永さんがいわれたように、ちょうど休憩時間中であったと思いますが、正門前でずらりと歓迎の幹部さんや、作業員の方々に出迎えてもらうと、涙が出らんばかりでした。

古賀　長年の苦労は、あの歓迎でいっぺんにとけた気持がしたね。ブラスバンドが演奏するなかをハイヤーがスローで事務所についた時は、何ともいえませんでした。

池田　本当にあれほどの歓迎をうけようとは、夢にも思っていませんでしたからね。もう上ってしまって（笑）挨拶も何といったか覚えていません。

司会　久留米にはじめて行かれた方もおられますが、工場はいかがでしたか。

関谷　何といっても堂々たるものですね。それに、気分的にゆったりとしたものを感じました。

毛利　見るもの、聞くものがめずらしくて。仕事上、とくに原動機系関係が目につきましたが立派で見習う点が多いですね。

松本　工場では、機械や配置など、東京工場の長所をとり入れているようですね。

原　増産はせにゃあならんし、建物の制約はあるし、非常に苦労してやっておられる点がたくさんありました。この点、私達は非常にめぐまれているんじゃあないかと思いました。

小野　設備の面など、横浜工場とかなり違いがありますね。もっとお互いにしっかり連絡してやっていきたいものですね。

司会　久留米市内見学で、教育クラブや千栄寺、文化センターなどに行かれて、別府から船にのられたわけですね。

毛利　前から久留米のことはBSニュースなどで知っているつもりでしたが、BSは大したものだということが、今回はっきりわかりました。

松本　何だか久留米全体が会社の延長のような感じですね。どこへ行っても会社の施設があって歓待をうけるのですからね（笑）

池田　とにかく今度まわったところは、普通には行かないところが多いし、行くときも、何の気なしに行っておるから、改めて説明してもらうと感じ方もかわってきます。水明荘など普通では行かれない所ですが、あそこは涼しい所ですね。

小野　庭づくりが良かったことが、とくに印象にのこっていますよ。

原　久留米を出る時も、会社の幹部の方々や、ブラスバンドで最後まで見送っていただきましたし、別府ではあまりご馳走になったおかげで、町へ出る時間が殆どなかったくらいですね。

池田　別府から出帆する時に、仲島工場長の持っておられたテープが切れるころは、ちょっと何ともいえんかったです。お忙しいのに夕方まで残っていただいて、見送りをうけたのは、一生忘れないですね。汽車の別れと、船の別れはちがいますね。いつまでも見えるからですね。

司会　船で瀬戸内海を通られて大阪、京都に行かれたのですね。

弥永　航海にもめぐまれましたね。台風から追われて大丈夫だろうか、海の藻屑になるのではないだろうかと心配しましたが（笑）

司会　大阪、京都はいかがでしたか。

原　早朝より大阪支店の方の出迎えをうけて大阪支店、大阪城、通天閣を案内していただいたわけです。

座談会から

◎…今回、東京工場、横浜工場から選ばれた10名の方は、勤続20年というから、おそらく、特Aの成績だったに違いない。

昭和36年で勤続20年といえば、入社は戦前の16年になる。

問題は、毎年毎年、勤続20年、30年の社員が出てくる訳だから受け入れる工場、支店、そしてブラスバンド部の人達も大変だったに違いない。

社内報を見るとこの36年当時、久留米工場の見学者は年間二万五千名だった。

見学者の70％は近在の小中高生だそうだが、こうしたことを考えていくと会社も工場も年中、行事だらけだった筈だ。

何れお目にかける売上高の曲線は、こうした社員のヤル気を引出した正二郎の経営感覚にある。

古賀　私は大阪、京都ははじめてでしたので、全く子供になって、修学旅行ですよ。

たまげたのは大阪城の石の大きさです。

松延　大きいのは五十畳敷きですね。昔、機械のない時に、よくああいう建築ができたモンと思いました。昔の人間の方が今の人間より利口モンかもしれない、といったんですよ（笑）

毛利　私は京都は二回目なんですが、二条城ははじめてでした。

松延　京都では、日本人として感慨にふけることが多いですね。

松本　言葉もおいでやすとか（笑）。町全体が落着いた感じがしますね。寺とか神社が多いからですかね。

池田　私みたいな田舎者は、二条城ですか、非常にびっくりしました。建てたのは徳川家康ですか。あのころでも贅を尽しとるですね。

松本　私初めてだったですが、あの千手観音の三十三間堂ですか、あんな所でも京都ということを物語っていますね。

古賀　それに、言葉がやわらかいね。

岡部　そうね。女中さんなんかも、やさしい感じがしますよ。しかし、喋るのはむずかしい。ニュアンスがあるから、よけいですね。

原　京都のいいところは、東京とか大阪みたいに道路がきたなくないことですね。のんびりというわけにはいかないでしょうが、東京や大阪にくらべると、のどかでいいですね。

司会　今度の旅行をふりかえってみて、とくにお感じになられたことをどうぞ。

原　横浜工場の方々と一緒に、宿では最後まで酒をくみかわして、大いに話したし、気炎もあげました。これで横浜工場の方がみえても、お互いに心強くなったのじゃあないかと思います。なかなか同じ会社でも、それぞれの部門で仕事をしているもんですから、こういう機会もないわけで…

松延　欲をいえば、いろいろありましょうがとにかく、これだけの人数を遠い所へやっていただいて、私たちとしては一生の思い出です。

松本　このような旅行をさせていただくと、会社の有難みというものがつくづくわかります。平々凡々と二十年も勤めさせていただき、今後は、会社のプラスになるように努力したいと思っています。

池田　工場で働いていると、このような旅行はなかなか出来ませんね。とくに京都の御所や二条城はよかったです。それに同じバスに横浜工場の方と一緒にガイドの説明をきくのも、いいもんですね。

関谷　わたしも東京工場の方と旅行して、それも久留米工場を見学させてもらい、ほんとにうれしい気持です。お蔭で京都では好きな仏像や神社をみることができました。

古賀　やっぱり、久留米工場は、なつかしさでいっぱいでしたが、兄弟工場が立派になっているのをみると心強く、われわれも負けないようにという気持です。

原　そうですね。それから工場と支店のかたの温いもてなしをうけて、ブリヂストンの一員であるということが、つくづく感じられました。

池田　二人の付添の人に最後までずいぶんお世話していただいて、いい旅行だったですよ。

関谷　珍らしいものばかりで、乗り物では外を見どおしでした（笑）
古賀　これで私も永年勤続をした甲斐を感じました。
小野　あれだけやってもらえば、もういうことはありませんね。
原　病人もでなかったし、みんな終りまで元気で大変よかったと思いますね。
司会　お忙しいところをお集りいただき、旅行の楽しいお話しを聞かせていただいて、ありがとうございました。
　みなさんも、これから、お元気で大いに張切ってください。

◇

　以上、少し冗漫な処はあるが如何だろうか。

　処で、いま経済アナリストの間で、世界の優良企業について面白い見方が出ている。

　それは、マスコミの間で従来から、もてはやされるのは急成長した企業とか、画期的な新製品を開発した企業とかに限られていたが、最近は50年以上、黒字を出し続けている地味な企業が見直されはじめている、という動きだ。

　経済アナリストが、こうした50年以上、黒字を出し続けている企業をピックアップしていくと意外な共通点がある、ことが解った。

アメリカのこれら優良企業の中から例を引くと、サウス・ウエスト航空がその一つにあげられる。

9・11テロから米航空業界は深刻な不況にあえいでいるが、6社中ただ1社、サウス・ウエスト航空は、黒字を出し続けている。

もう一つは、シアトルの西にあるトラックの製造、販売をやっているパッカード社、この会社も創業以来、黒字を出し続けている。

これらの企業の共通点は何か？ただ一つ〝社員を大切にする〟企業なのだ。

なぜサウス・ウエストだけが黒字を出せるのか、他の企業と同じように乗客は減った筈ではないか？と思うのが普通だが、サウス・ウエスト社だけは乗客が全く減らない。

従業員のサービスが他社と全然違うのである。パイロットがスチュワーデスと一緒になって機内を掃除し、乗降客のサービスを全員が懸命にするから航空機の離着陸時間が正確、従って待たされる時間は他社と比べものにならないくらい短く、快適なのだ。

パッカード社も同じ理由で創業以来、社員を大切にし、教育訓練を最優先して黒字を続けている。

現代の企業は、こぞって雇用をパート、アルバイト、派遣社員制に切り替え、能率給、出来高給等にシフトしているので人件費は大幅減だが、企業内は暗く、疲労感、脱力感、無力感にあふれ退職者が絶えない。

従ってトップは、何よりも、企業を支える従業員が安心して終生、働くことの出来る環境造りを最優先すべき、と知るべきだろう。

正二郎は、サウス・ウエスト航空とパッカード社のように、社員をブラスバンドとハイヤーで遇し黒字を続けた。

温故知新

◎…正二郎は、82歳の時、社内報「BSニュース」に一年間、巻頭言を執筆した。
今回は昭和46年11月号に掲載された温故知新を紹介する。

「戦後の若い人達は、伝統を軽蔑して国の正しい歴史を知ろうとせず、祖国と祖先に対する関心も薄い。したがって愛国心も希薄となっている。こういう人達が日本を背負って立つと思えば寒《かん》心《しん》に堪えぬものがある。

進歩は伝統をふまえてはじめて可能となる。民族の興亡、盛衰を知ることは即現代に生きる道に直結する。歴史に学ぶ心は、いつの世にも後進の責務というべきであろう。」

諸先輩を会社に寄せつけない、いまの行き方は如何？

幹一郎とデミング

石橋幹一郎が社長に就任するのは、昭和38年、彼が43歳の時であるが、この頃の世界のタイヤメーカーの動きの中で技術上の最大の関心事は、世界シェアの73％を掌握するアメリカ5大メーカーの推進していたベルティッド・バイアスか、それともヨーロッパ系企業の推進するラジアルか、この二者択一が極めて重要なテーマであり決断の時期にさしかかっていた。

石橋幹一郎は、ヨーロッパ系のラジアルの将来性について検討を指示したが、現役部隊から、その必要なしと一蹴されて、激昂する。

その当時ブリヂストンは、PDCA（プラン、ドウ、チェック、アクション）のうちPDCは正二郎一人にゆだねていたから正二郎の決断は、常に〝絶対〟であり、企業としてはアクションあるのみ、チェック機能は必要なかったし、事実、それに該当する組織らしいものも無かった。

従って正二郎が構想をねって熟慮して決断すれば実行あるのみ、これでほとんど間違いはなかったから、それはそれでよかった。

オートバイからの〝撤退〟等のようなケースは、争臣、柴本重理が具申して、事なきを得たが、何れにしてもPDCAのうちCのチェック機能が、正二郎まかせであったことは、ベルティッドかラジアルかの二者択一の岐路において事は重大な局面にさしかかっていた。

幹一郎は、この時を期して、これまでの創業者の独断先行型から組織で管理、チェックする機能の必要性を痛感して、昭和37年、デミングプランの構想を打ち出す。

この頃のブリヂストンの技術部隊は、服部六郎（41年取締役）と平川健一郎（42年取締役）の二つの流れがあった。

ブリヂストンの技術の主流は、グッドイヤー社と技術提携していたこともあって、徹底したアメリカ型。ブリヂストンがグッドイヤー社から委託されて国内生産していたGYブランドの生産仕様書は、ブリヂストンの技術陣にとっては正に「バイブル」の意味を持つ貴重な技術書でもあった。

従って、幹一郎の技術上の指示がアメリカ型でなくヨーロッパ型であったことに反発があったのはむしろ当然のことで、この反発が一概に幹一郎の指導力、統卒力の問題として考えるべきではなかったかも知れない。

何れにしても平川はアクロン大を出ていたから、徹底したグッドイヤー派で、下手な創造より上手な模倣を標榜したが、服部は幹一郎と同じくヨーロッパ系のラジアルの将来性に着目していたから後に技術担当専務になる佐竹政俊課長にヨーロッパへの出張を命じる。

佐竹は8カ月間、ヨーロッパに滞在する。ミシュランが開発したスチール・ラジアルとピレリの開発したレーヨン・ラジアルについて自動車メーカー、運送、タクシー会社などの評価を中心に調査した結果、「ユーザーは、乗り心地を優先するべルティッドより、スピードと耐久性、操縦性を重視しているラジアルを評価している」と本社へ打電する。この結果が大きくブリヂストンをラジアル推進へ方向転換させるキッカケとなった。

石橋幹一郎の音楽、写真の技術、造詣はプロ級の腕と認められていたことでも解るように、彼は父の〝豪胆さ〟よりも、母方の〝繊細さ〟をより多く受け継ぎ、これが良くも悪くもブリヂストンに影響をもたらす。

会長に引退して後、彼は日経に掲載された池波正太郎との日曜対談（昭和57年8月）の中で『私も二年ばかり海軍にお世話になったのですが、いま思い返してみると、海軍に入るときに命を捨てているんですね。だからその後は余生だという感じがします。したがって何か大きな困難にぶちあたっても、自分は命を捨てていたんだと……。』と語っている通り、一つの開き直りがあったし、酔えばアコーディオンを弾きながら大声で歌う、楽しさ、大らかさもあった。

そして親族の間で最も信頼関係のあった成毛収一とは、大学、海軍も一緒、生れも同じ大正9年、とあって親しさも事のほかに深かった。

幹一郎のデミングプランの推進は、ラジアルの検討指示に対する社内の反発から端を発したが、成毛収一も創業者の後は、組織経営に切り替える必要性を痛感していたのでデミングプラン推進本部長に就任、積極的な役割を果す。

この辺のことについて幹一郎は「月刊タイヤ」の対談の中で、こう述懐している。

石橋　私が社長になった時の役員さんの年齢は平均10歳上の重役さんばかりで、私の言うことなど聞いてもくれませんし、信用もしてくれないのです。ということは、理論的にいうと企業としての総合管理体制の基本が崩れているということです。社長の示す方針が徹底しないということなのです。会社は社長の方針に従って、全社員が一丸となって、団結、邁進するものです。これが、そうはいかないのです。

それで、成毛さんと相談して、「デミング・プラン」を推進するということにしました。創業者のときは方針が行き渡り、次の社長からは行き渡らないのでは困りますからね。誰が社長になっても方針が行き渡るようにするためだったんです。

――ワンマン・コントロールからの脱皮というわけですね。

石橋 そうなのです。会社としては、ワンマン（創業者）の元気なうちに脱皮する必要があったのです。人でなく、職制に伴って動く管理体制に……。ともかく、成毛さんに助けられました。本当に感謝しています。

デミングプランは、幹一郎にとって品質管理のQCよりは、TQCのTに力の入った経営管理の手段としての側面が濃くなった。立場は違ったが、重臣、柴本重理も成毛収一もデミング推進に協力は惜しまなかった。

けれどデミング賞を受賞するまで6年の歳月を要し、本来の品質管理であるQCよりもTQCのTの方に力が入り過ぎて、当初、デミングに協力的だった柴本重理も成毛収一も少しずつ、考え方に差が生じる。

それと何よりも幹一郎にとって痛かったのは、健康上の理由から昭和45年1月、アルコールを一切絶つ、決心をしなければならなかったことであろう。

柴本――成毛

◎…柴本重理と成毛収一の共通点は、酒と歌舞伎。

両者とも毎月の歌舞伎見物と「東をどり」は欠かしていない。

そんなことで柴本は新橋の花柳流の芸者をひいきにし、成毛は、赤坂の尾上流の芸者をひいきにし、新年には両者の黒紋付の裾を引いて稲穂をつけた芸者衆を「米村」に勢揃いさせ、地方《じかた》がはやして、日本最後の幇間《ほうかん》(たいこ持ち)となった善平師匠の獅子舞が加わると、そのにぎわいと、あでやかさは、この世と思えぬ趣きがあった。

もし幹一郎が健康をそこなわないで、かつてのようにアコーディオンを弾いて、この新年会に加わっていたらブリヂストンの歴史は大きく変っていたに違いない。

ＢＹの世紀の決戦

ブリヂストンと横浜ゴムの戦いの中で最も熾烈だったのは、昭和41年6月のタイ政府が発表した「工場建設許可」をめぐる争奪戦だった。この戦いでブリヂストンと横浜ゴムの差がぐーんと開くことになるが、今回はその背景を追う。

昭和41年当時、ブリヂストンと横浜ゴムの企業規模の格差は10対7ぐらいの割合で決定的なものではなかった。

それだけに、この工場建設にかける両社の意気込みは、すさまじいものがあった。

横浜ゴムにとってタイは、他社を寄せつけない金城湯池、最大の輸出国でもあったし、死守する必要があった。

ブリヂストンは三井物産と組み、横浜ゴムは三菱商事と組み、両社はガップリ四つに組んだ。ブリヂストンの担当指揮官には成毛収一、そして横浜ゴムはキレ者、吉武廣次がその任に当った。

マスコミもこの両社の争奪戦をめぐって夜討ち朝駈けの攻防戦がくり広げられた。

この結着は、周知の通り、ブリヂストンが三菱商事と組み直して結着した。

世界のタイヤビッグ10（昭和38年）

表A　（単位：億ドル）

順位	会社名	売上高
1位	グッドイヤー　（米）	173
2位	ファイアストン　（米）	138
3位	ゼネラルタイヤ　（米）	108
4位	U・Sラバー　（米）	98
5位	グッドリッチ　（米）	83
6位	ダンロップ　（英）	79
7位	ピレリ　（伊）	64
8位	ミシュラン　（仏）	45
9位	コンチネンタル　（独）	24
10位	ブリヂストン　（日）	17

株式はブリヂストンが51％、現地側のパートナーが40％、三菱商事が9％である。

不思議だったのは、当初の組合せが何故、変更になったのか。成毛も吉武も、この事に関しては、生涯、口をつぐんだままだった。

ただ妙なのは、この争奪戦が一段落した時、成毛収一が浅草の「都鳥」という料亭に、吉武廣次と記者二名を呼んで手打ちみたいな宴席を設けたことである。

その頃、日本酒「黄桜」のコマーシャルで一世を風びしていた三浦布美子が「都鳥」には出る、というのが評判で知る人は知る有名な料亭である。

その晩、成毛は当然として、吉武も機嫌よく酒を飲んでいた。

戦に破れ、敵将の顔など見たくもない筈な

のに…なぜ機嫌が悪くなかったのか…。それは謎のままだったが、それが解るのは、10数年経過してからの事である。

この戦いの背景をいえば、タイ政府の認可を取得したのは、実は横浜ゴムと三菱商事であった。勝ったのは横浜ゴムだったのだ。

ところが、あろう事か、横浜ゴムがこのタイ工場建設の話を、筆頭株主である米「グッドリッチ社」に報告したところ、ＧＲ社は横浜ゴムに対して「海外工場に関しては、一切をＧＲ社が仕切る。横浜ゴムは日本国内の事だけ考えてれば良い。」と一蹴されてしまうのである。

この頃のＧＲ社の世界ランキングは表Ａの通り第5位、利益額もトップのグッドイヤー社の約50％で、収益率も決して悪くはなかった。

おそらく横浜ゴムは必死になってＧＲ社に、タイ工場の必要性、重要性を説得したと思うが、ＧＲ社にすれば、世界第2位のファイアストン社がタイに進出、グッドイヤー社もタイ進出を表明していたから、東南アジアの拠点工場としてＧＲ社も検討課題であったろう。

横浜ゴムが泣く泣くタイ工場を断念しなければならなくなったのだが、その遠因をたどると遠く戦前にまで遡る。

第二次世界大戦に突入して日米間の貿易は全面ストップしたが、横浜ゴムは技術提携していたグッドリッチ社へ支払うロイヤリティを送金できないため、その分を株式に替え続けたのである。

戦後、横浜ゴムのとった措置は日米親善の美談として、もてはやされたりするが、結局、株式にした事がグッドリッチ社を筆頭株主にする結果をまねいた。

それと横浜ゴムの経営陣にとって不幸なことは、不評だった第6代社長・尾山和勇をその座から下す時、グッドリッチ社の采配に頼る結果になったことだ。

GR社は、尾山和勇社長の進退問題にケリをつける時、労働組合の意見に従って尾山更迭を決定した。

トップ人事に労働組合が関与したことは、横浜ゴムにとって最大の不運に繋がる。

後に、吉武廣次は9代社長に就任するが、彼の最大の仕事は、主力工場だった平塚工場の労働組合の過半数が共産党系になりかかったのを果敢にクビにした事であろう。

この組合との激しい対立に人事部長として頑張ったのが鈴木久章（11代社長）で、この大争議をきっかけに、会社側は穏健な組合対策に成功するが、それに費やした年月は、余りにも長く重かったというしかない。

ブリヂストンが横浜ゴムと、あれだけの格差をつけたのは、もち論、石橋正二郎と柴本重理に負う処は多いが、横浜ゴムにとってはグッドリッチ社と労働組合の二つの足かせは、大変なものだった。

吉武にすれば、タイ工場進出を果せなかったが、認可の争奪戦では〝勝てた〟という思いが、救いになっていたのかもしれない。

何れにしても〝株式〟に関する認識が、正二郎と当時の横浜ゴムの経営陣とでは、雲泥の差があったことだけは確かだろう。

グッドリッチ社は、この時から23年後、ユニロイヤル社と合併するが、24年後には、無配に転落、企業は消滅する。

横浜ゴムとミシュラン

横浜ゴムとミシュラン社の資本・技術提携は、昭和57年頃（一九八二年）から、ひそかに折衝が始まった。鈴木久章とフランソワ・ミシュランの会談は、マスコミに知られないためアン・カレッジで行われたりした。

この時の話は、結局17％以上の株式を渡すとミシュラン社に筆頭株主の座を与えることになる。グッドリッチ社と同じ座は渡せないとして話しは流れるが、この時、両社の話しは、時期が来たら再びテーブルにつく、という形で決裂ではなかった。

仏ルノー社のテコ入れによる日産のOEM納入をめぐって、部品納入メーカーの国際化が叫ばれて、ミシュラン社と横浜ゴムの間で提携交渉が再燃した。

平成9年、萩原晴二社長、冨永靖雄副社長時代である。この時は、グローバル企業化をバックにミシュラン社は51％の株式を要請、不利な立場になった横浜ゴムはギリギリの決断を迫られるが、この話は土壇場で、社長に就任した冨永靖雄の決断「ノー」で決裂する。

この交渉の功罪は、後の世にゆだねるしかないが、おそらく冨永靖雄の決断は正しかっただろう。

もし、横浜ゴムがミシュランの軍門に下っていたら、表Bから横浜ゴムの社名は消えているかもしれないからだ。

GR社の教訓は生かされた訳だ。

横浜ゴムは、昨年12月「タイ」への工場進出を発表した。昭和41年、BY世紀の決戦から遅れること、37年の長い空白期間を経過したことになるが、この両社の攻防戦を知る人にとって、遅れたとはいえ、同社のタイ進出には感慨深いものがある。

世界のタイヤビッグ10（1963年）
（単位：億ドル）　＝表A＝

順位	会社名		売上高
1位	グッドイヤー	（米）	173
2位	ファイアストン	（米）	138
3位	ゼネラルタイヤ	（米）	108
4位	Ｕ・Ｓラバー	（米）	98
5位	グッドリッチ	（米）	83
6位	ダンロップ	（英）	79
7位	ピレリー	（伊）	64
8位	ミシュラン	（仏）	45
9位	コンチネンタル	（独）	24
10位	ブリヂストン	（日）	17

世界のタイヤビッグ10（2002年）
（単位：億ドル）　＝表B＝

順位	会社名		売上高
1位	ブリヂストン	（日）	180
2位	ミシュラン	（仏）	145
3位	グッドイヤー	（米）	139
4位	コンチネンタル	（独）	108
5位	ピレリー	（伊）	66
6位	住友ゴム工業	（日）	37
7位	クーパー	（米）	33
8位	横浜ゴム	（日）	32.8
9位	クムホ	（韓）	21.5
10位	東洋ゴム工業	（日）	20.8

カルテルをめぐる動き

昭和38年から第一次オイルショックに突入する48年までの業界の主な動きは、左表に掲げた通り、各種カルテルに依存しなければやっていけない時代になる。一方、一般経済界は、41年から45年まで二ケタ増の経済成長率が続き、現在の中国をしのぐ勢いにあった。

昭和37年頃から取材が出来るようになり、「将来は柴本家で碁を打てる記者になりたい。」そうした気持が湧き、取材にも気合いが入るようになった。

昭和38〜48年の動き

38年7月	第一次合理化カルテルを結成
10月	住友電工、日本ダンロップの経営権取得。 通産省行政指導でタイヤ協会に市況安定委員会を設置。
11月	スパイク付タイヤ市販へ。
12月	不況カルテル申請で公取と折衝へ。
39年5月	日本国際ゴム研究総会（於、赤坂プリンスホテル）
9月	メーカー各社、伊ピレリ社のラジアル技術導入へ。
40年6月	メーカー6社、不況カルテル結成、生産数量を6カ月間で総量を96,016トンに制限する。
7月	第二次合理化カルテル結成。
41年4月	第三次合理化カルテル結成。
12月	横浜ゴム、日東タイヤと生産に関する業務提携。
42年6月	タイブリヂストン設立。
43年7月	日東タイヤ、三菱資本系列へ
8月	住友ゴム、東洋ゴム、オーツタイヤの共同倉庫完成。
45年1月	公取は、タイヤメーカーの本社、支店及び商業組合に立入検査、価格協定破棄を通告。
46年6月	東洋ゴム、東洋ジャイアントタイヤ設立。
47年3月	都商組、公取へ調整規程認可申請。
5月	横浜ゴム、ボーリングボール発売。
6月	通産省産構審発足、テーマは①輸出秩序の確立②タイヤ安全性③廃タイヤ。
7月	第6次輸出カルテル。
10月	ゴム労連、総評から撤退、BS労組ゴム労連に接近。
48年7月	横浜ゴム。韓国タイヤと技術提携へ。
10月	第一次オイルショック、OPECは原油価格70%値上げ。

その頃の日本経済は急成長の時代、業界も量的な拡大はあったが、企業動向は、日東タイヤをめぐる動きに代表されるように容易ならざるものがあった。

基幹産業のほとんどは、平成時代に入ってから再編成が俎上にのるが、業界の再編成は常に20年は先行する。

原因は、いうまでもなく卓抜したブリヂストンの動きが、より早い時点で、他社に厳しい「国際競争力」を強いたからだ。

わずか30年前、世界ランキングでやっと10位に入った企業が、今やトップメーカーになった。欧米で残されたのはミシュラン、ピレリとコンチネンタルの3社ぐらい、世界のエースの座を半世紀にわたって、ほしいままにした米グッドイヤー社は、今やM&Aの対象になる企業に凋落した。

今や、世界のベスト10に日本勢はブリヂストン以下、住友ゴム、横浜ゴム、東洋ゴムが名を連ねているのも、ブリヂストンに対抗し続けなければならなかった企業努力が現在のランキングに繋がっているかもしれない。

◇

処で、本稿の主眼は石橋正二郎と柴本重理のめぐり合いが中心だが、ここで筆者と正二郎との瞬時の出会いを紹介する。

初めて石橋正二郎と直接、話をしたのは、昭和38年5月、新築落成したばかりの横浜ゴム本社、9階のパーティ会場だった。

当時業界は、代理店（販売会社）の経営が軒並み赤字のため、東京都商業組合が中心になって、不当廉売の禁止条項を含む「調整規程」の延長申請に踏み切るかどうか、という時期だった。

公正取引委員会は、延長申請が5回目になることなどから延長に難色を示していた。9階のパーティは、横浜ゴムの尾山和勇社長の藍綬褒章を祝う会で業界のＶＩＰが大勢つめかけ会場はごった返していた。

石橋正二郎を間近に見て咄嗟に、社名（タイヤ情報）と氏名を名乗って『調整規程について感想を伺いたいのですが、何う考えておられますか？』と単刀直入に尋ねたら、正二郎は怪訝な顔をして『調整規程って何ですか？』と率直に応じた。正二郎が調整規程について全く何も知らないことは解ったから、1分インタビューは、これで終った。正二郎は別に不気嫌でもなかった。

第2回目に会ったのは、翌39年の5月22日、赤坂プリンスホテルの夜の庭園だった。

この日は日本ゴム工業会が主催した第17回国際ゴム研究総会のフェアウエル・

パーティで、世界のタイヤメーカーのＶＩＰが多数出席、赤プリの夜の庭園は、赤提灯が張りめぐらされて、寿司、焼鳥、おでん、そばの出店が揃って、それは、にぎやかな国際親善パーティだった。

この日、多分、記者クラブで知った情報だと思うがブリヂストンの株価が前日の229円から一挙に40円高の269円の新高値をつけた日だった。

池のほとりで石橋正二郎と幹一郎が二人だけで談笑していた。

多少のためらいはあったが、率直に「新高値の原因」を質問した。正二郎は、上気嫌で『貴方から説明してあげなさい。』と幹一郎にうながした。

その時、幹一郎が何う説明してくれたか、よく記憶していないが、『貴方の方が詳しいでしょう。』というような事だったと思うが、何れにしても269円の株価を点検する意味で当時の盛ソバの価格と対比させると面白い。昭和39年当時の盛りとカケソバの価格は、50円（ラーメン70円）、現在は、650円（砂場）なのでざっと10倍になる。一日で400円値上りした計算だ。

従って、この率でいくと当時のＢＳの株価は、現在に直すと3千33円になる。

ブリヂストンの株価とトヨタの株価は、良く対比されるが39年5月22日のトヨタの株価は188円、ＢＳの方が34％も高かった。

現在（05年1月）のＢＳの株価は2千25円、トヨタは4千130円なので二倍以上、株価はいろいろなことを雄弁に説明する。

カルテル

昭和45年1月、ブリヂストンの秘書室から、直ぐ柴本副社長の処へ来てほしいと電話が入った。

当日、公正取引委員会は、メーカーの本社及び支店、商業組合、グッドイヤー日本支社も含めて20数カ所に一斉立入検査を行った。

この時、ブリヂストン東京支店に入った査察官が、資料の一部を置き忘れたらしい。柴本さんに会うと、この資料は各社さんにとって参考になる資料だから至急届けてくれるように、そして、明日以降、公取に日参してほしい、という要請であった。渡されたコピーは、当時のコピーだから青色の濡れた感触が今でも残っている。

この頃の公正取引委員会は、新橋第一ホテルと帝国ホテルの中ほどの処にある大蔵第二ビルで、廊下は薄暗い、いかにも役所らしい役所であった。

立入検査の指揮官は、野口審査第一課長で、寡黙な人、ニコリともしない。

何で私が日参しているか百も承知しているが、ウンでもスーでもない。めげてはならんと日参している内に野口さんも多少は同情してくれたのだろう、昼休みには碁を打つようになった。

一方、メーカーの事情聴取された面々に取材すると、証拠になるようなものは何も取られていないから、事情聴取も大したことではなかった—ということであった。

多分、柴本さんも同じような報告を受けていたと思うが、日参している私の情報は全く逆。

最終局面になると野口さんから逆にメーカーサイドの受け取り方を質問される始末だ。

そして公取の最終結論は『業界が受けて立つなら、北海道の方から青森、秋田と毎月、県ごとに告発していくぞ!!』—という厳しいものであった。

柴本副社長には『受け入れるしかありません。公取は、集ったメンバーの席の位置、発言順までキャッチしています。』と伝えて、業界は直ちに受け入れる方針を固めた。

野口課長からは、内容は言われなかったが、発表の前日、記者クラブで立入検査の結果を発表するという電話があった。

最後の熟慮断行

ブリヂストンは、昭和48年5月、柴本重理副社長の社長昇格を緊急記者会見で発表した。誰一人として予想できなかった人事だが、その最大の理由は、柴本の年齢が63歳に達していたことだろう。正二郎が残した最後の、そして最高の熟慮断行の背景を追う。

63歳といえば、いかに重臣、柴本といえど、引退をささやかれても、おかしくない年齢になる。

しかも、社長を務めていた幹一郎は働き盛りの53歳である。

経済界は、第一次オイルショックの前触れ、嵐の前の静けさがヒタヒタと迫って容易ならざる事態の発生が予想されていたとはいえ、84歳の正二郎が、この決断をするには、何か深い訳があったのだろう。

この辺の事は後に触れるとして、当時について語った平成元年の柴本の回想(テープ)を再録する。

「正式に社長に就任したのは5月だが、その数カ月前のある日、会社で常務会をやっていた時に、『石橋会長が御自宅にお呼びです。』という連絡が入った。何事だろう、と思って石橋家に出かけていくと、石橋さんが一人でいらした。『君、社長をやってくれたまえ』

社長をやってくれ、といわれても、当時すでに私より一まわりも若い御子息の幹一郎さんが社長に就任している。

『社長は、もうおられるじゃないですか？』

『いや、これはもう親族会議に諮って決めたことだから、受けてもらわないと困る。』

『それは、どう考えてもおかしいですよ。』

と、いうようなやり取りがあったが、向こうはもう決めてしまっているから、こちらがああいえばこういうで、とても逃げられない。とにかく、その場は、『考えてみます』ということで帰ってきたが、結局は引き受けさせられるハメになった。

それから、すぐに例の第一次オイルショッ

48年5月15日、トップ人事を発表する石橋正二郎（84歳）と柴本重理（63歳）

クが勃発、国会に呼びだされたり、いろいろあったが…。

石橋さんが私を社長に選んだ理由というのは良くわからないが、他の人のように、おっかなビックリで付合わなかったことが気に入られたのかも知れない。

統制会時代からお供をしていたということもあるが、石橋さんには相当、わがままなことも言ったりやったりしてきた。あの人を恐くないという人はあまりいないし、いっしょに冗談を言ったりしたのは私ぐらいのものかもしれない。

他の人は、だいたい石橋さんと三年もつき合うと、どうにかなってしまうという印象をもってつき合っているが（笑）、私は普段通りのつき合い方をしていたし、そう固くもならなかった。あの人の前でタバコをすうのは私ぐらいのものだった。

これは決して、石橋さんを軽くみていたわけではなくて、気軽におつき合いが出来たということだが、基本的にはお互いに馬が合ったということにつきるのかも知れない。

皆んなはよく怒られていたようだが、私はほとんど怒られたということはなくていつも『まあそうおっしゃらずに…』となだめ役。」

—後は省略するが以上がブリヂストンのトップ人事における正二郎と柴本のやりとりだが、あれほど先見の明のあった正二郎にとって、このトップ人事は、多分、予定変更ではなかったろうか。

正二郎の構想の中には、三代目の社長としては、間違いなく「成毛収一」がイメージされていたと思う。

ここで成毛収一について、少し触れると、成毛収一が正二郎と出会うきっかけをつくったのは、松野鶴平である。

松野鶴平は現総理大臣、小泉純一郎の後盾として睨みを利かしている松野頼三の父親で、吉田内閣、鳩山内閣の陰の舞台回しをやった熊本県出身の実力者。後には衆議院議長を務めた。

左から成毛収一、石橋幹一郎、石橋正二郎、柴本重理

熊本製粉を正二郎が手がけるきっかけになったのは、松野鶴平を助けての副産物である。

この松野鶴平の自宅と成毛収一の家が芝高輪、高輪閣の隣近所だったことから松野の仲立ちで成毛収一と正二郎の次女、典子の婚約が整う。

この婚約では、ちょっとしたエピソードがある。

松野鶴平のお膳立てに、石橋家の方は良縁として直ぐ話がまとまったが、成毛家の方からはなかなか返事が来ない。

そこで兄と妹の間で最も仲が良かった幹一郎が心配して海兵時代からの仲でもあったので成毛の意向を打診した処、ただ単に連絡が遅れているだけの事が解ってめでたく挙式となる。

成毛家は、源頼朝の挙兵で功のあった下総の国主、千葉常胤の重臣で、後に下総久井崎城主になる。成毛収一の妹、徳子は、土佐藩主、山内一豊の子孫に嫁いでいる。

また収一の祖父、成毛金次郎は千葉県で手広く貿易商（カナダからのパルプ輸入）を営み、麻布中学（現麻布学園）に成毛講堂を寄贈したことでも知られている。

正二郎がブリヂストンの三代目社長とイメージしていた成毛収一は、要所要所で指揮官を命じられている。

一つは、ブリヂストンの技術の基礎を築いた米グッドイヤー社との折衝、東京工場用地買収の指揮、ベルギーのスチールコード・ベカルト社との合弁会社設立、日産とプリンス自動車の合併折衝、そしてデミングプラン導入と推進など枚挙にいとまがない。

柴本と記者会

◎…ゴム記者会とブリヂストンの懇親会は多種多様。

工場見学と抱き合せのゴルフ会、府中にある鳩林荘での「句会」、ボーリング大会、そして野球もあった。

野球は4～5回やったが、写真の大会は、明治神宮外苑球場で開催された時のもの。

試合は15対15という草野球の典型、引分けだったが、この時に柴本がプレーイング監督として出場。陣頭指揮をとった。

但し、バッターボックスには入ったが、打ったゴロで走るのは若い社員。

BSには、応援団が多かったが、記者チームは応援団はたった2～3名。

その窮状?を察してか柴本さんがベンチにいるのは、ブリヂストンの方でなくて記者チームのベンチ。弱きを助け強きをくじく柴本さんならではの配慮だ。

ポジションは一塁で4番バッターだった。

ゴム記者会野球部とブリヂストン販売企画部との試合で陣頭指揮をとる柴本当時副社長、昭和42年当時

知将　成毛収一の決断

正二郎の偉大な存在は、ブリヂストンと一般企業との間に、いろんな違いをもたらしたが、その中の一つに、石橋一族の親族会議がある。一般企業なら取締役会が最高の意志決定機関だが、良き時代のブリヂストンの場合は、役員会の上に親族会があった。

もち論、この親族会に法的な効力は何も無いが、今もって、ブリヂストンは決算役員会が終ると、代表取締役は永坂町の石橋家に出かけて、一族に決算報告をするのが習わしになっている。

従って、柴本が社長を命じられた時、正二郎が『親族会議に諮って、既に決った事だ』といった意味は深く、重い。

そしてその事を最も熟知していたのは、報告回数が最も多かった柴本であったことはいうまでもない。

親族会議で決った事だと正二郎に告げられて、柴本は社長を受けるしかない事を瞬時に察知したと思われる。

さて、親族会議の主要なメンバーは、二代目幹一郎と妻朗子、鳩山威一郎の夫人である長女安子、そして成毛収一と妻典子（次女）、郷裕弘の妻啓子（三女）、そして石井公一郎と妻多麻子（四女）が主な面々になる。

正二郎にとって幹一郎を別格とすれば、親族会議の中で成毛収一の存在が最も重かったのは、想像に難くない。

成毛は、触れた通りのサラブレッド。趣味は、歌舞伎を中心に多彩だ。ダイヤモンド社から出版した「人間性指向」でも解るように、国際感覚、経営感覚でも並はずれていた。

「人間性指向」の出版記念会の時、友人代表で祝辞を述べた経済同友会の代表幹事、木川田一隆（東京電力社長）は、幹事だった成毛について、ものを一度も頼まれた事がない、たった一人の友人として彼を激賞した。

タイ・ブリヂストン設立で実力を発揮した成毛収一（右）と直属の部下だった服部邦雄（昭和36年10月）

成毛収一と筆者の出会いは、タイブリヂストンの設立をめぐる横浜ゴムとの世紀の決戦の時であったが、この頃のエピソードを二、三、紹介しよう。

まずは、取材時のQ&Aから…。きわどい質問ばかりだから、こちらも慎重に言葉を選んだが、記者の常套手段の一つに、三つの条件がある。①とぼけるのはOKです、②ノーコメントもOKです、③但し、ウソだけは絶対ダメです―とクギをさしてから取材をはじめるのだが、空気が険しくなるような事は一度もなかった。成毛が何よりも心掛けたのは人間性を大切にする事であったからだろう。

成毛家には、一緒に飲んだ帰りに何度か寄った事があったりしたので、或る正月、新年の御挨拶に伺った事がある。

自宅は、永坂町、石橋正二郎の家と目と鼻の先の見晴しのすばらしい邸宅だ。

一般庶民感覚からすると、正二郎ほどの娘を妻にすると、何かと気疲れするのではないか…と思っていたが、成毛さんが席をはずした時、典子夫人から聞かされた話は、意外や意外な事であった。

それは、嫁入りをした時の事、家族揃って中華料理店へ出かけた時、収一の母から諭されたそうだが、まず殿様（収一の事）が箸をつけてない料理には、箸を出してはならぬ。一通り、殿様が箸をつけてから箸をつけるように、と云い聞かされたそうだ。

石橋家からだろうと嫁は嫁、殿様は殿様という訳だ。

それと、もう一つ驚かされた事は夫人の『主人は機嫌が悪いと、ひと月も口を利いてくれないんですヨ。』という言葉だ。

ひと月、口を利かないということは、ギョッとするような内容だが、それをにこやかに話す典子夫人のニュアンスには『うちの旦那様は、相当な亭主関白なんですョ。』という意味が込められている。

成毛さんが亡くなられて、10数年経過して、もう時効だろうと思い、夫人に尋ねた事がある。

『成毛さんが三代目の社長に柴本さんを推薦されたのではありませんか？』不躾は覚悟の質問だったが…。

典子夫人からは、『御承知かもしれませんが、うちの主人は、家庭で仕事の話をした事は一切、ございませんでした。』という返事だった。

『さもありなん。』あの成毛さんならキットそうであるに違いない。

私の勘では、昭和48年の3～4月に石橋邸で開かれた親族会議で正二郎が指名した三代目の社長は、成毛収一であったに違いない。

けれど体調に異常を感じ（C型肝炎）、永くないと悟った成毛は、正二郎に柴本を脱同族の意味も含めて懸命に推挙したに違いない。

柴本は、四代目の社長に気心の知れた江口禎而（後に会長）を考えたフシもあったが、成毛が最後の時に託した「服部邦雄」を推薦する。

柴本と服部は、国内担当の時代は、タイヤと化工品、柴本が社長時代、服部はタイブリヂストンの社長など海外部門が中心、二人の接点は見当たらないが、服部が社長に就任すると、柴本は精力的に全国の隅々まで服部を紹介して回り、服部の柴本に対する信頼感は、短期間に一挙に、はぐくまれるのである。

さて、成毛収一が亡くなる数カ月前、「タイ」のナイトクラブ「サニーシャトー」で楽しく遊んだ頃の話に花が咲いていた時、『いいものを上げよう。』といって成毛が引出しから取出してきてくれたのが、カットの「コースター」、形見である。

この題字は、水戸光圀が京都の「石庭」で有名な「龍安寺」に寄進した「つくばい」を文字にしたもので、吾唯足ルヲ知ル、という文を一文字に表象したものだ。
柴本に託して、「思い残すことは無い。」という風に読める。

昭和48年、第一次オイルショック前の、にわかに舵取りの難しくなってきたその時、正二郎は三代目社長に成毛を指名したと思われるが、成毛はその僅か3年後の昭和51年1月21日、この世を去るのである。

成毛家と歌舞伎

◎…成毛家と歌舞伎の世界の繋がりは深い。先代の松本幸四郎や尾上松緑が新年の挨拶に来たそうだから、大変なものだ。

そんな中で収一さんは幼少の頃から叔母に連れられて歌舞伎見物に出かけた。

或る正月、新年の御挨拶に伺って飲んでいる内に夕方になった。

成毛さんが『新橋に行こうか…』と言いだした。

『お正月ですから、やっている処はありませんョ』といったら、

『芸者はネ、正月が一番ヒマなんだョ。』といって着いたのが新橋の或る料亭。

成毛さんは、フツーの歌舞伎通を越えて、実際に歌舞伎役者の音色を使ってセリフが途切れない。

その晩は、興が乗ったか、奥から役者のカツラを取り寄せさせて急ごしらえの身支度をすると勧進帳の富樫の役を即興した。

大見得を切った時、成毛の左右の目が、ひんがら目になるのである。カッと見開いた両眼の目線が全然違った方向をにらむのである。

間近に見る富樫役の成毛の気合いは鬼気迫る迫力があった。

懐かしい思い出である。

オイルショックと国会召喚

昭和48年10月、第4次中東戦争の勃発で原油価格は3倍にハネ上り、狂乱時代を迎える。この時、公取はメーカー7社に対し価格協定の破棄を勧告。そして柴本、吉武両社長の国会召喚があったが、柴本は、ブリヂストン社長、タイヤ協会会長として激動の時代を乗り切る。

柴本が社長に就任した昭和48年と、その翌年は、ブリヂストンにとっても業界にとっても戦後最大の受難期に当る。

原油のバーレル当り価格が2.8ドルから3倍の8.3ドルにハネ上ったのだから当然だろう。

国内補修用タイヤは、市場から払底してトイレットペーパー並みの状態に陥った。ダンプを連ねて『タイヤを寄こせ!』のムシロ旗が各社に押し寄せたが、トップメーカーのブリヂストンへの風当りは、最もすさまじかった。

こうしたムシロ旗・集団に対して、ほとんどの社長は居留守を決め込んだが、柴本は、正面から受け止めて、彼等と面談した。

会って話せば、誠意は通じる、その信念もあったろうが、人に会うことが何より大切、という彼の経験がそうさせたのかもしれない。

通産省は、こうした事態を打開する為、全主要産業の価格指導に乗り出し、タイヤに関しては、業界の企図していた小売標準価格の30％値上げを凍結して逆に切り下げる行政指導に乗り出した。

昭和49年4月3日、国会は予算委員会に財界の主要メンバーを召喚した。関連会社では旭化成の宮崎輝、業界からは柴本と横浜ゴムの吉武をはじめ経団連の主要メンバー18名が召喚された。

予算委員会での代表質問は、社会党の小野明、共産党の小笠原貞子が立つことが解った。

そして不幸だったのは、公正取引委員会が、国会召喚の前日、メーカー各社、タイヤ協会など37カ所に一斉立入り検査を断行したことである。

業界は正に恐慌状態に陥った。特に国会召喚が決っていた柴本と吉武の国会におけるQ&Aの資料作成は困難を極めた。スタッフは不眠不休の状態であったが、その資料作成の任に当ったのはブリヂストンは木下正之（業務部長）、横浜ゴムは石川裕志（企画室長）の両名だったが、この時の仕事の的確さが柴本の目にとまり木下の人生は大きく変わることになる。

木下の武勇伝

木下正之に関する武勇伝は数限りないが、ここで二、三のエピソードを紹介しよう。

その①、木下が名古屋支店時代の或る日、OEMの購買課長を知多湾の海釣りに接待する事になった。酒を飲みながらの釣りだったがメートルが上がって、余りにOEM氏が威張るので、腹に据えかねた木下は、あろうことかOEM氏を海に放り込んだのである。

始末書は何回書いたか、覚えていないという木下だが、これもその一つ。海に投げ込まれたOEM氏は互いに酔った上での事…と後日、この事に一切触れなかった、何の沙汰もなかった。この件でブリヂストンのH社のシェアは少しも動かなかった。いい話だ。

その②、これは久留米支店の販売課長の頃、支店の販売会議だと夜中の2時、3時になるのはザラだった。それから一杯、という猛烈時代、販売キャンペーンについて本社会議が開かれた。木下はキャンペーンの時期を全国一律というのは、おかしい、地域によってずらすべきではないかと異を唱えた。

正論だったが、相手が悪かった。当時のリプレス担当常務は、社内外から天皇といわれた黒岩登である。それでも彼は一歩も引かなかった。その為かどうか、彼は販売からはずされる。

その③、これは多分、販売からはずされた冷飯時代頃と思われるが、国会召喚がらみで徹夜状態が続いていた頃、彼は虎ノ門にある行きつけの店「市川」へ部下を引き連れて出かけた。

ただでさえ豪快に飲む彼が、この日は、一人でトイレに行けないくらい酔いしれ、部下に支えられないと用を足せない状態だった。

この時の部下が、お粗末にも母にそのことを訴えた。子が子なら母も母、この母が何と石橋幹一郎に「社員は、こんな事までしなければならないのでしょうか。」と手紙を出したからたまらない。

晩年は「酒」をことのほか嫌った幹一郎が激怒したのは当然、これで木下の出世は3年以上遅れた、というのが定説だ。

木下が、国会召喚、通産省の価格凍結等における行政との折衝で評価され、彼が大阪支店長に栄進する時、幹一郎は、この人事に強く反対したが、柴本が「もし支店長として彼が失敗したら私が全責任を取ります。」ということで、この人事は実現した。

この時、巷間では、柴本が木下を呼んで支店長になったら酒を断ってくれ、と頼んだとか何とか、という説がまことしやかに囁かれた。

木下が後に副社長になってから、時効と思い…『酒を断て、といわれたと聞いてますが、本当は柴本さん何とおっしゃったんですか？』と聞いた事がある。『それはネ、酒を飲んでもいいけど飲まれてはいかん、といわれたのヨ。』さすが柴本のセリフは味わいがある。

◇

話は元に戻って、国会召喚が決って、その前日の立入検査で事態は一変した。何とか代表質問をする小野明に取材する手だてはないものか、いろいろ調べたら、彼が福岡県の教職員組合から参議院議員に選出されている事が解った。

私の長兄は福岡県八女郡、羽犬塚中学の教師だったので、早速、電話を入れた。『明日中に何とか小野明に会えないか…』という内容である。

選挙区というのは、強い。即、兄から電話で会期中だが翌日の昼休みに議員会館で会えると返事がきた。

勇躍して小野代議士と会って約一時間の取材が出来た。早速、柴本さんにその旨を伝えると、『吉武君と一緒に直ぐレクをしてもらおう。』という事になった。

レクの内容に、落ちこぼしは無いか…。翌日、国会の傍聴席に飛び込んだ。

国会中継のテレビカメラの下で息をころして傍聴していたが、質問は範囲内のものので安堵したが、それにしても柴本さんは自然体を貫いた。

共産党の小笠原貞子は、あでやかな和服姿で銀座のママさんのような物腰、『社長さん方は、お話しが上手だから…キチンとお答え下さらないといけませんヨ。』と前置きして会場に笑いをさそったりしたが、何れにしても国会召喚は、無事に終了した。

重臣・木下の部長時代

◎…48〜49年にかけて業界と行政との折衝は難しかった。

小売標準価格の値上げに対して通産は、待ったをかけた。

そして値上げに関しては、事前にその内容を報告すること、また、原材料毎の値上げ幅を時系列で報告しろ、という厳しいものだった。

企業機密の最たる部分である。

しかも、当時の購買担当重役は、ブリヂストンの官僚中の官僚田中正だ。

木下は資料提出を求めて、田中と渡り合うが、所詮は重役とヒラ部長、勝負は見えていた。

そこで木下は『この問題は一企業の問題ではない。国家の命運にかかわる問題だ。

資料の提出を断るなら断っていいが、もし提出拒否でブリヂストンの社名にかかわる事態が発生した時は、貴方に全責任は取ってもらう。』―と啖呵を切った。

田中はシブシブと木下の要求を受け入れたが、木下は社内で、トラブル・シューターという異名を取った。

柴本には、良い家臣が数多く育った。

出光系の大手を救済

今回は、人に頼まれたら「ノー」といえない、柴本の側面について書く。この件で柴本は3回目の辞表を出すことになるのだが、この時の決断も世間の常識をはるかに越えている。

激動の昭和49年の暮も押し迫った12月に事件は発生した。場所は、新潟県の新発田（しばた）、出光興産系列の大型販売店「㈱川崎商会」が突然、40億円もの債務を抱え込んだ。

店主・川崎俊平は当時、56歳の働き盛りだったが、長年、川崎に仕えていた子飼いの頭の切れる経理担当が、40億円もの金を勝手に不動産投資に流用した結果だった。

川崎は、地元の資産家ではあったが、僅か数日で40億は集めきれない。八方手を尽くしたが、どうしても最後の5～6億円の金が足りない。

止むを得ず出光興産本社に出向いて、5億円だけ明日中に銀行に払い込んでほしい。借りた金は一週間後には、かならず返済するから、と頼みこんだ。

その席には豪傑で知られた荒木販売部長、そして当時、次長だった出光昭（出光佐三の長男、現会長）も同席していたのだが、出光側の返事は、意外や定款上それは出来ない。また、そうした前例は一つも無い、ことを理由に断ったのである。

出光と川崎商会の関係をブリヂストンに例えると、川崎商会は、さしずめ昭和30年代の成瀬商会かブリヂストンタイヤ高崎販売辺りで、両者は、強い信頼関係で結ばれていた。

出光昭会長と川崎俊平店主（右）

全国の販売代理店会は例年、熱海で開催されるが、大会が終ると出光佐三と川崎俊平は、二人っきりで夜の熱海へ何処へともなく消えていってしまう。

出光の重役連は『貴方だけが何故、佐三にそんなに気に入られるんだ。』とやっかんだり、わけをきいたりする。俊平によると、それだけで一冊の本くらいにはなる間柄という感じが伝わる。

例えば、出光本社の廊下はギャラリーのようになっているが、川崎俊平が、或る日、目にとまった和田三造画伯の描いた「闘鶏」を『いい絵ですネ。』とほめたら、佐三が『気に入ったかネ、見る目があるネ、君にあげるよ。ただし、秘書には、わからんように持ち出してくれョ。』

出光と川崎の関係は、それくらいであったのだから、まさか出光本社が一週間の融資を断る、とは夢にも思っていなかったかもしれない。

けれど、その席には後に会長になる出光昭も同席しているのだから、話は、それで打ち切り、となった。

夕闇も迫った夜の東京で『何処へ行こうか…』途方にくれた俊平に、ふと浮かんだのが柴本の顔である。

彼は、急いでブリヂストン新潟販売の徳武社長に電話を入れて、切迫した状況を伝えると共に、会えても会えなくても、今からブリヂストン本社に向うから…と伝えて電話を切った。

この日、柴本は夕方の飛行機で福岡支店に行って竹重　晋と会う予定になっていたが、高速道路の渋滞に巻き込まれて、羽田から本社に引き返したばかりだった。

このことを川崎は後に知る。

川崎がブリヂストンに着いた時、柴本は既に、川崎商会の置かれている状況を現地からの連絡で総て承知していた。

川崎が柴本社長の部屋に入ると柴本は、直ぐ経理担当の江口禎而を呼んで、『明日の午前中に5億円を用意するように。』と指示する。

この金額になると社長といえど、役員会に諮らなければ背任行為になる。それを充分、知っている江口は、何とか新潟販売で5億円を揃えられないか、と苦慮するが、新潟の徳武は『その金額だと、何うしても20日間はかかります。』と返事する。

柴本にキズをつけないため何とかしたかったが、販社が無理と解って、江口は5億円を本社で揃えて、『準備は出来ました。』と報告する。

『有難う。苦労をかけたネ。君も一緒に米村に来なさい。』――と、行きつけの米村へ向う。

川崎俊平は、地元の新潟では有力者、竹下内閣の農林大臣を務めた佐藤隆の後援会々長でもある。

米村に着くとホッとした川崎は、農林省でまだ心配している佐藤隆に電話を入れて、柴本さんも君を呼べ、といっているから直ぐ「米村」に来るように伝える。

そして、しばらくして「出光本社」へ電話を入れる。

話が一段落して、川崎は押えていた怒りが、こみ上げてきた。

『今後、出光との取引は停止する。当社への出入は一切、禁止するから左様、心得よ‼』――と怒鳴りつけた。

これを傍で聴いていた柴本は、川崎と佐藤を二人並べて、言って聞かせるのである。

『川崎商会を助けたのは、ブリヂストンかもしれないが、これはほんの一時的なことであって、本気で川崎商会を建て直すのは出光さんだから、出入禁止なんて飛んでもない！。』と諭すのである。

事実、翌日、出光からは、重役が揃って柴本を訪れ、御礼を述べると共に非礼を詫びる。

彼等が佐三から叱られたのはいうまでもない。

こうして川崎俊平は、出光への手形を一カ月延ばすだけでこの危機を脱した。

川崎俊平とのこの取材は一昨年、筆者が現地で行ったが、川崎は、初対面にもかかわらず、新発田の割烹「新高」でもてなしてくれた。

多分、99％は柴本さんへの気持だったろう。

川崎俊平の部屋には3枚の写真が飾ってある。一枚は父親、後の二枚は出光佐三と柴本重理である。

オーツタイヤの加藤洋副社長（当時）がジャトマの理事時代をふり返って、『柴本さんと会っていると、何となくちょっとお金を貸して頂けますか、と言える雰囲気がありますネェー。』といったのを思い出す。

多分、川崎俊平も同じ感じを抱いていたのかもしれない。

交遊録

◎…川崎商会は、年商が約160億円、SSの拠点数は、28カ所で、取引先も新潟交通、亀田製菓などで、SSの二者としては全国のトップクラス。事実、川崎さんは出光会の会長を何期も務めている。

けれどもタイヤメーカーからすれば、本社の重役、ましてや専務副社長クラスが訪問する会社ではない。

柴本さんは歩く事が何より大切、と時間の大半を現地にかけた結果が、今回の話につながる。

川崎店主とのきっかけは、初対面の時、柴本さんが『石橋商店の番頭です。』と挨拶した事にはじまる。

川崎さんによると、出光佐三と柴本重理とは、商売の話は抜き、楽しく飲むだけだった、という。

料亭での楽しみ方が佐三、重理、俊平の三人は共通する点が多かったのだろう。

芸者と遊ぶのではなく、芸者を遊ばせるのだ。

柴本さんは、松の内を除いて芸者に踊らせたり、歌わせたりした事が一度もない。酒を飲ませて芸者を喜ばせ慰労して楽しんでいた、ように見える。

御三方には、惚れる男も多かったが、女性の数には遠く及ばない。相手が惚れるから仕方がない。

男の出会いの一コマである。

公取協設立をめぐって

昭和49年の国会召喚から4カ月後、公正取引委員会はメーカー7社に対し価格協定の破棄を勧告。事態は一変する。ブリヂストンは、全国の支店長会から脱退、続いて横浜ゴムも同調、さらに両社とも全国の販売店協会からも全役員が引揚げる騒ぎになった。

不幸だったのは、昭和47年を契機にメーカー各社の工場建設ラッシュが続き、毎年、一工場が操業を開始（別表）、需給ギャップが傷口を拡げる結果をまねいていた。

このため、横浜ゴムが52年、53年と2期連続の赤字に転落、東洋ゴムは実質7期、オーツタイヤは6期、日東タイヤは実に8期連続の赤字で業界再編の道を他業界に先がけてたどることになる。

こうした需給ギャップによる市場の乱れは、収拾困難となったが、その最大の要因は、過剰な公取アレルギー症状に陥った「独禁恐怖症」であろう。

特に、業界を家庭に例えたら、監督・父親役である筈のブリヂストンが、その座

昭和47〜52年工場ラッシュ時代

昭和47年11月	東洋ジャイアントタイヤ㈱　竜野工場完成
48年５月	ブリヂストンタイヤ㈱　甘木工場操業
49年９月	住友ゴム工業㈱　白河工場完成
〃年10月	横浜ゴム㈱　尾道工場完成
50年３月	日東タイヤ㈱　桑名工場操業
51年11月	オーツタイヤ㈱　宮崎工場完成
52年２月	ブリヂストンタイヤ㈱　防府工場操業

から去ったのだから、無法地帯、過当競争はとどまる処を知らなかった。

特にブリヂストンの価格表示に関する反応は過剰で、管理価格、二重価格、再販売価格行為に連がる恐れのある総ての価格表示から手を引き状況は厳しいものになった。

公取勧告の本質は、価格表示にあるのでなく価格協定にあったのだが、価格アレルギーは、その見分けすら解らない状況になった。

公正取引委員会

前にも触れたように、昭和49年4月の立入検査の時の指揮官は、野口哲人審査課長だった。

その野口さんと接点があったので、業界の窮状を相談してみよう、と意を決した。

この時、野口さんは、既に栄進され主席審判官、公取の

No.3の座についておられた。

そこで業界の独禁法アレルギー症状を何とか打開出来ないか、相談した結果、数名の人に会うことを提案された。

第一は公正取引委員会の取引課長の山田昭雄課長、そして後は、首都圏不動産公正取引協議会、全国家庭電気製品公正取引協議会、自動車公正取引協議会の各専務理事または事務局長だった。

首都圏不動産の佐藤洋専務理事と会って、面白いと思ったのは、不動産の「不当表示問題」だったが、20数年前の不動産の不当表示は、ヒドイものだった。

例えば、電気、ガス、水道完備、駅から徒歩十分、という広告を見て、お客が現地に行くと、駅から歩いて30〜40分もかかる。そこで公取に苦情が持込まれると、業者の説明がふるっている。

広告にある駅から徒歩十分、というのは、徒歩でも十分（じゅうぶん）行けると読むのであって10分ではありません、と平気で答える。

不公正取引や不当表示のガイドラインは、こうした底辺の十分と充分の差からスタートしたが、公取は直ちに、この広告を不当表示として処分した。

業者サイドにすれば、数10万から数100万かけた広告が、公取の判断で直ちに廃棄処分、紙くずになるから、それ以降、不動産業者は、日参して首都圏不動産公正取引協議会から表示の指導を忠実に受けて一斉に不当表示が姿を消していった。

自動車公正取引協議会は、南淳介事務局長から協議会の何たるかを教えてもらった。

その内容は、業界首脳に聴かせる必要があるものだった。『JATMAの相談役会のメンバーだけにしてほしい。』という南事務局長の要請を入れて、タイヤ協会事務局側職員も一切シャットアウトしたメンバーだけの講演をJATMA会議室で行った。

この時の出席メンバーは、柴本重理、玉木泰男、斎藤晋一、岡崎正春、小林健次、細田吉郎の6名である。

話の内容は、一切マル秘だったが、即、翌日、柴本会長から呼び出しがあって、即刻、公正取引協議会の設立に動くようにと要請された。

直ちに野口首席審判官に業界の意向を伝えると、野口さんは怪訝な顔をして『君を業界代表と思っていいのか?』、『どうぞ。』、『では直ぐ官房につなぐから、

《経常損益》

百万円

社名	昭和52年
ブリヂストン	27,346
横浜ゴム	▲2,688
住友ゴム	1,368
東洋ゴム	837
オーツタイヤ	▲1,751
日東タイヤ	▲2,802

トップメーカーの常務以上を同行してくれ。』と話が進んだ。

公取サイドの意を柴本会長に伝えると、リプレイス担当の秀島行雄常務が代表で行く事が決まり、谷川友国部長が随行となった。

筆者の役割は、官房の入口まで案内するにとどめた。こうしてタイヤ公正取引協議会が55年5月スタートすることになった。

公正取引委員会を行政処分の官庁としか見ていなかった業界が、行政指導もする官庁とする見方が出来るようになったことは、他の業界より僅かに後れをとったが、当時の業界のおかれていた独禁アレルギーを除去するためもあって、公取協の設立は相当なスピードであったと思う。

しかし、公取協の器はできたが、これを活用するまでには、かなりの年月を要した。

当初は無用な機関との批判も出たが、これは、法に対する無知と不勉強が災いしたもので、木下正之が理事として公取協の運営を担当するようになって、公取委の山田昭雄との交流も深まり、やっと公取協は軌道に乗りはじめる。

野口哲人主席審判官が最初の交渉役に当てた山田昭雄取引課長は、後に公取の№2である公正取引委員会事務総長に栄進、03年の12月15日付で公正取引委員会委員に選任されている。

司法試験

◎…首席審判官で公取を退官した野口さんは、東大組のキャリア中のキャリア。その息子さんも東大現役で司法試験に合格した。

野口さんが、現役では最年少の合格者、と大いに喜んだ。

そこで、質問を一つしてみた。『司法試験に受かるコツは何ですか？』

『それはネ、難しくて厚い本を何冊も読むのでなく、易しくて薄い本を一冊、くり返し読むことです。』というノーハウを授かった。

一昨年、柴本さんのお孫さんの大輔君が司法試験に受かったことは、この「はじめに」で伝えたが、この薄くて易しい本をくり返し読む、というノーハウは、キチンと大輔君に伝えた。

送別会

◎…その野口さんとの送別会は、弊社としては最高級の「米村」で…。

一通り、アルコールが終って、では最後の一局を…と相成った。

お互に自称五段の腕前、最後の勝負は、ほとんど負けだったたが逆転の勝利。

この会に碁の好きだった柴本さんが急用で出席できなかったのは、残念至極だった。

「値引き戦泥沼化
ブリヂストンも踏み切る」

右に掲げた見出しは、昭和56年7月21日付日経新聞のそのままの見出しである。日経が一つの業界に関して、三段見出しで「販売競争」をこれほどのスペースで書くのは珍しい。

それくらい、この時の乱売戦は激しかった。

「タイヤ」は朝買うより夕方に買え、その方が安くなる…まるで、「株式の売買」並みの下り方であった。

この年、住友ゴムは、オーツタイヤを傘下に収める一方、新しい販売チャネルとして市民権を確立した量販店「オートバックス」でシェアを拡大、力をつけた年でもある。

柴本重理をして『あの男は、手強い相手だ。』と云わしめた斎藤晋一（当時会長）の住友グループを率いる采配ぶりは目を見張るものがあった。

それまでの業界の舞台回しはブリヂストンの一手販売、ブリヂストンの采配に異を唱える人も会社も皆無だったたし、その分、下位メーカーに対する配慮もキチンとあった。

それを新潟県高田出身の斎藤は上杉謙信をほうふつとさせる颯爽たる出立ちで全軍の先頭に立って馬を馳せた。

御大、柴本が服部邦雄にバトンタッチしたのは丁度この時であったから二人の衝突は、日経でも書くほどになった。

斎藤晋一は、決算発表の記者会見で『企業のトップたるものが、商品（ＴＢタイヤ）の単価について口にするとは非常識もはなはだしい。』とこき降せば、服部は服部で『目ざわりなハエは追い払う。』（日経・回転椅子、56年7月22日付）と一歩も引かない。

この時の日経の記事の一部を紹介すると、

「自動車タイヤ業界は五〇％近いシェア（市場占有率）を持つブリヂストンタイヤが積極的に安値販売競争に加わり、激しい価格戦争を繰り広げている。『ブリヂストンは、ここ数年、〝守り〟に徹していたため、同業他社の値引き攻勢でシェアを食われた』（服部邦雄社長）として、巻き返しに出たわけだが、おかげでタイヤ各社の収益は急速に悪化しており、新たな業界再編成が動き出す可能性も出てきた。

タイヤ各社の六月中間決算の経常利益はブリヂストンが百八十億円と前年同期に

＜昭和48年以降 メーカー各社の社長＞

（昭48　50　55　60　平1　5　10　15）

ブリヂストン	柴本 重理	服部邦雄	家入 昭	海崎 洋一郎	渡邉 恵夫		
横浜ゴム	吉武 廣次	玉木 泰男	鈴木 久章	本山 一雄	萩原 晴二	冨永 靖雄	
住友ゴム	下川 常雄	斎藤 晋一	横瀬恭平	桂田 鎮男	横井 雍	西藤 直人	浅井 光昭
東洋ゴム	目代 渉	岡崎 正春	毛呂 三郎	香取 健一	片山 松造	片岡 善雄	

〈国内市販用販売シェアの推移〉

	昭49年	50	51	52	53	54	55	56	57	58	59	60
ブリヂストン	50.3	48.0	49.2	49.1	48.7	48.3	47.9	46.7	45.6	45.8	45.5	46.2
横浜ゴム	21.2	22.0	20.9	21.7	21.5	21.1	20.8	21.6	21.3	20.8	20.8	21.4
住友ゴム	11.1	11.6	11.0	10.7	11.4	12.1	13.2	13.8	15.2	15.5	15.5	15.2
東洋ゴム（日東）	12.8	13.6	13.6	13.3	13.4	12.5	12.5	12.2	12.0	11.8	11.7	11.1
オーツ	4.6	4.8	5.3	5.2	5.0	4.7	4.4	4.5	4.7	4.8	5.3	5.0
ミシュランオカモト	—	—	—	—	—	1.3	1.2	1.2	1.2	1.3	1.2	1.1
合計	100.0	100.0	100.0	100.0	100.0	100.0	100.0	100.0	100.0	100.0	100.0	100.0

比べ半減する見通しのほか、業界二位の横浜ゴムは約八〇%減、同三位の住友ゴム工業は約七〇%減と軒並み大幅減益になるのは必至の情勢。」

日経の記事は以上のようなことで、この時の主要メーカーの代表は、服部邦雄、鈴木久章、斎藤晋一、毛呂三郎だったが、服部と鈴木には、知られていない関係がある。

それは、服部と鈴木久章の実兄が東大で同期だった関係から二人は、学生時代に既に面識があった上、二人はそろって同じ昭和56年、社長に就任するという思いがけない因縁があったから、二人の仲は良かった。毛呂は温厚な人柄だし、ぶつかるとなれば服部と斎藤しかない、という因縁もあった。

この事態を何う打開するか、副会長に引退していた柴本重理に相談をしたが、タイヤ協会の会長職はすでに鈴木久章に引き継がれて、鈴木も斎藤に批判的だったから収まりはつかない。

前にも触れたように工場建設ラッシュの影響で需給関係は最悪の供給過剰なのにメーカーは休日返上でフル操業を続けていた。

従って当時としてはトヨタ、日産のOEMメーカー並みの操業度に下げる必要があったが何よりも、トップ同士の不協和音を何とかするのが先決。

公取協の設立準備の一方で、日経にまで書かれる、現状の打開策を必死に練った。

そこで考え出した案は、まず、ブリヂストンが休戦協定を提案する。

次に同業他社の同意を得る。そして最後に住友の斎藤晋一に意向を打診する、という筋書きであった。

斎藤晋一が、その案を蹴ったら、戦いの仕掛け人は、誰だったのか、それが解るだけでもいいではないか、という内容だ。

その案を柴本副会長に提案したがブリヂストンからの返事がなかなか来ない。

『何うしたものか…困った!』という窮状を東京支店長に栄進していた木下正之にぐちっていたら…。

やおら木下は、支店長の机の上の電話を指さして『この判断をするのは服部だ。ここから直ぐ服部に電話をしろ。』とすさまじい剣幕である。

『解りました。今日中に服部社長に電話を入れます。』といったら『駄目だ、いまここで直ぐ電話をしろ。』と腕組みして天井を向いたままだ。

服部邦雄は、熱狂的なジャイアンツファンは有名だが、マスコミ嫌いも有名で、大嫌いを越していた。

だから困ったが、木下は動かない。仕方ない。その場で服部社長秘書の木村さんに電話を入れた。

木村さんの返事は『社長はスケジュールが一杯ですが、本日のお昼休みでよろしかったら…。』

時計は11時30分、直ぐ伺います。八重洲口のヤンマービルにあった東京支店からブリヂストン本社に向った。

きちんと口上を述べると、服部社長は、暫く考えてから『君の意見は解らんでもないが、住友ゴムとブリヂストンの間には、充分過ぎるほどの溝がある。これ以上、住友との間に溝は増やしたくない。』と失敗した時の事を想定した。

それにしても『両社の間には充分過ぎるほどの溝がある。』という表現は、英語で表現したら何と恰好がいいだろう…。

やはりオーストラリア生れ（服部の父は外交官）で、日本語より英語の方がうまい、といわれた人だけの事はあるナ、と妙な処に感心しながら『では、この提案をする前に斎藤さんの胸の内を確めたら賛成ですネ。』

服部は『誰か適当な方がおられるといいんですが…。』ということで、この時は終った。

誰か斎藤の胸の内を聴く、仲介の労をとってくれる適当な人はいないか、真先に思い浮かべたのは、当時、住友銀行の頭取だった伊部恭之助である。

彼と柴本は大学が同期、親しい間柄だし彼の息子はブリヂストンに勤務している。咄嗟には、それを思い描いたがＶＩＰの事、時間が掛かり過ぎる。という思いだった。

が、2～3日考えて、ふと思った事は、斎藤晋一とは何回もゴルフも酒もやっているし、いっそのこと役不足だが私が…と思い直し、思い切って住友ゴム本社に電話を入れた。

要件は『斎藤社長に時間を頂きたい。』とだけ伝えた。

返事は、本日は役員会で終日、神戸本社にいますから夕方、神戸に入って下さい、ということだった。

指定された三宮の料亭に入って待っていると暫くして斎藤晋一が一人で入ってきた。テーブルは樫の木の一枚板で二メートルはあるかという距離を隔てた私に、斎藤は5～6枚綴りの資料をポンと置いた。

パラパラとめくると「オートバックス」に納入しているオーツタイヤのマックスランに関する、住友グループの説明資料である。

ポイントは、住友として拡大戦略はとらない、という内容のものであった。それを見て安堵して、私見を述べた。ゴルフの時のように打ちとけた感じではなかったが、彼は快く提案を受け入れることを約した。

多分この時の闘いで業界の失った損失は300億とも500億ともいわれたが、斎藤の認識も変ったと思われる。

夜の伊丹空港からブリヂストン広報担当の松谷元三に服部社長へのメッセージを伝え一件は落着した。

京都高台寺の「京大和」で相談役会がにぎやかに開かれた、と知ったのは10日後のことである。

斎藤晋一

◎…住友電工から住友ゴムの社長就任が内定して間もなく、当の斎藤さんからゴルフの招待状が届いた。

喜び勇んで神戸へ出かけると相手は、桂田鎮男（次の社長）さんと斎藤夫人の三名。

ＶＩＰ並みのお膳立てで夜は京都ホテル内の割烹「たん熊」という趣向だ。

その時、斎藤さんが興味を持って尋ねたのは、石橋家と柴本さんの関係だけだったように思う。

斎藤さんのゴルフは相手がトヨタの豊田社長であれ誰であっても一心不乱にプレイして、片方は30台のマークを目指して、部下をオロオロさせる。

そして斎藤さんのエライのは、何時も招待するコースが広野、茨木、御殿場の太平洋クラブなど相手がプレイした事のない名門コースを選ぶこと。

河口湖カントリー

◎…その斎藤さんが御殿場の河口湖カントリーに案内してくれた。パートナーは常連の五十川さんと辻昭夫さん。

プレイが終って、静岡県の或る老舗の料亭に案内してくれた。

そこを設営したのは、静甲ダンロップ販売の岡田社長だった。

その料亭に入る時、斎藤さんは、静岡で頑張ってる岡田君だ、と紹介してくれた。

お座敷には、斎藤、辻、五十川と私の四人、ひとしきり静かな夜の夕べを楽しんで、お開きになって座敷を出る時に驚いた。

次の間に、岡田社長が一人できちんと座ったままで待っているのだ。

他の社なら静岡で頑張ってる岡田君だと会食に同席させるのが普通だと思うが、当時の住友は武家社会そのもの。

そこが武将、斎藤晋一の斎藤晋一たるゆえんだろう。

これまで関西の葬儀に何回も出掛けたことはあるが、二度出かけたのは斎藤晋一だけである。

世界戦略のスタート
ファイアストン工場の買収

今回は、ブリヂストンの米ファイアストン・ナッシュビル工場の買収とタイヤ新報の設立について触れる。

この二つは全く関係のない事のようだが、少しだけ関連があるので、まずはタイヤ新報社（現ＲＫ通信社）設立の発端から記述させて頂く。

◇

私がまだゴム工業通信社にいた昭和43～44年当時、森部康夫、岡田岩雄の両課長と麻雀の帰りに一杯飲み屋に寄った時に森部課長が、上の方から云われたんだが……と前置きして、『最近、君の酒の飲み方が普通じゃない。何か悩みがあるようだが、何かあるのか、聞いておいてくれ、と云われた。』ときり出した。

悌子酒が好きでカラオケの無い時代だから、生オケの店で大いに賑かに歌ったりしていたが特に悩みらしいものは何もなかった。ただ『何れは今の会社を辞める積りだったので、そう考えている事。』をそのまま伝えた。

学生時代、赤旗をふって入社試験は一度も受けた事はないが、何れ、ほとぼりがさめたら…野球チームのあるくらいの会社に入ろうと考えていた。

それにしても上の方、とは一体誰だろう。

成毛宏爾さんと柴本重理さんの顔が直ぐ思い浮かんだ。

二〜三日して、森部さんから連絡が来た。

『話は解ったが、おたくの黒崎社長の息子が大学を出る迄は、そこで我慢しなさい。彼が大学を出た時は君が立ち行くようにブリヂストンは支援するから…』という事である。

有難い事だと思ったが、驚いたのは、社長の息子が、まだ高校生であることを、知っていた事である。

多分、情報を収集して調べた上の事と思うが、こんな細かい事まで…と感じ入ったのは当然、仕事に励みが出てきた。

そうこうしている内に、黒崎社長が肝硬変で昭和47年4月に急逝して状況は急変した。

何うしたものか…と思っていたらブリヂストンから法務部長をしている今泉勲の処へ相談に行け、という連絡が入った。

記者としてブリヂストンのあらゆるセクションを取材していたが、法務部だけはニュースと関係がないので今泉部長の処へは行ったことがない。初対面のようなものだった。

今泉は、のっけから、『会社にノレン代を払って、経営権を取得しなさい。』というやり方を薦めた。

こっちにすれば『買う値打ちのある会社ではない。けれど遺族の事は面倒をみる積りはあるので、給与の形にしたい。』―、その方が遺族の税金対策にもなると、私の考えを述べたが、今泉部長は、『それをしたら、後々、かならず禍根を残すことになるから、値打ちがあっても無くてもノレン代の形で結着をつけた方がいい。』と法務の立場を貫いた。

この話は、後日、柴本さんと遺族の対面に迄、話が及んだが、その直後に柴本さんに呼ばれた。

『君は会社を辞めなさい。2～3カ月は、つらい思いをするかもしれないが、直ぐ収まる。その方が、遺族も税金をとられることもないから、そうしなさい。』と指示されて、その通りにした。

案の定、2～3カ月間嫌な思いをしたが、後は、一切、何もなく平穏に経過、タイヤ新報社の設立となった。後々、会社を辞めた形が最善だった事を有難く感謝している。

◇

そのような経緯があって、今泉部長とは廊下で会っても会釈し合う間柄になっていた。56年の暮れも迫った頃だったと思うが7階の廊下で今泉部長（当時は経営情報部長）とスレ違った時『時間ある？』『いいですヨ』と応接室に入ったら…直ぐ、『ブリヂストンのテネシー工場の買収をどうみてる？』と質問を受けた。

当時、ブリヂストンは第一次調査団を皮切りに三次、四次と、何度もスタッフをテネシーに派遣して調査をくり返し、結論を出しかねていた。

ノドから手が出るほどほしいトラック・バス用タイヤの専門工場だが、何しろ生産性は日本の二分の一以下しかないのに、ユニオンの結束力は世界最強。

確かに難しさはあるが、世界戦略を目指すには買う一手。

サラ地に新工場を建てるのも有力だったが、投資金額が二倍以上かかるうえに、ロスタイムも最低2年はかかる。

私の答えは『生産、技術、販売、購買、経理、労務など各セクションからそれぞれ優秀なスタッフが派遣されていますが、買収後、万一、自分の担当した調査範囲がネックになって、プロジェクトが失敗したら、責任は重大、だから担当者は保険に保険をかけて…最後は、買収しない、ということに落ち着くんではないですか？』―と手厳しく率直な感想を述べた。

今泉部長は『私と同じ見方だナ。そこで相談だが、一つ何か仕掛けをしてくれないか？』と依頼を受けた。

社説を書く事なのかそれとも全く他の事なのか思いめぐらしたが、要は、ブリヂストンにとっては最大のプロジェクトである。オーナーの石橋幹一郎を動かすしかない、と考え、石橋幹一郎宛に直接、手紙をしたためた。

内容は『もし創業者の正二郎が健在だったら、彼は単身で乗り込んでテネシー工場を観るだろう。工場のほとりの川の水の色はどうか、水量はどうか。そして従業員の人種構成は何うなのか、黒人の比率は何%か、そして勤労意欲は何うなのか、自分の目と肌で確かめるだろう。

それを伺うだ。ブリヂストンは会長も社長も工場を一度も見ないで社員ばかり派遣して第四次調査団でもないもんだ。』と厳しく締めくくった。

石橋幹一郎から直ぐ丁重な礼状が届いた。一週間後、社長の服部邦雄がテネシーに飛び、その三日後、幹一郎もテネシーに飛んだ。

この時から幹一郎の盆暮の挨拶が届くようになった。

米国工場

◎…ブリヂストンが買収したテネシー工場は、当時で110億円（簿価）、ブリヂストンの国内工場に比べて生産性は2分の1以下、ユニオンは最強で最悪。セニョリティ・システム（背番号制）で配転が利かない。

そこへもってきて従業員の3分の2がレイオフされていたから組合内には暴力沙汰があったくらいだ。

そこで石槫和夫（**写真**）が踏んばって黒字化する。

やった事は、①彼等に自分達の工場と納得させる、②27人の日本人はあく迄アドバイザーに徹して直接命令はしない。③日本人は英語力よりは技術力のある人を選抜、④派遣した社員には一切、親会社をふり向かせない。⑤品質はキレイな職場から、を徹底する。⑥彼等にミスを恐れさせるナ。ミスを報告したらボールペンを渡してほめろ。

こうして石槫さんはテネシー工場の能力を買収時の6倍のキャパにした。

その石槫さんと…

『工場が火災を出す時、何かありますか。』

『前ぶれはかならずありますネ、①遅刻、無断欠勤が増え、②怪我や事故が何となく増えます。』

先輩の視点はさすが…「温故知新」

創立3周年

◎…テネシー工場が黒字化して、現地に招待された。

工場長は岸本敏、部長は渡邉惠夫（現在の社長）。

岸本家で渡邉さんも交えてマージャンをして、楽しいアメリカの一夜を過ごした。

この時の記念式典に、石槫さんは全従業員の家族を工場に招待して、レイオフしていた全従業員も呼び戻して、『2年半でレイオフされている最後の従業員を呼び戻すことが出来た。

増員と生産性向上は両立する。本日、我々は、そのことを証明した。』と挨拶した。教訓だ。

スパイク問題の背景

業界にとって行政との折衝で最大級の問題となったのは「スパイク問題」であろう。昭和38年、スパイクタイヤが初めて製造販売されてから姿を消すまで実に25年を経過するが、家入昭社長が製造販売の禁止を決断するまでには、数多くの紆余曲折があった。

◇

いまさらスパイク問題でもないが、ブリヂストンを語る時、この問題を避けては通れない。

駈け足でふり返ると、最初に火の手を挙げたのは、札幌市弁護士会がメーカー7社を被申請人として「北海道におけるスパイクタイヤの販売停止」を求めたのが発端になる。

この時の流れは、「行政、メーカー、ドライバー、住民等が一体となって解決していく…」、そしてメーカーはスタッドレスタイヤの開発、普及に努めるという段階的三位一体論で調停が成立したが、2年後、今度は長野県弁護士会（代表、中島嘉尚）は、三位一体論から一転して「スパイクタイヤの製造、販売の禁止」を申請して局面は大きく変わった。

長野県弁護士会には、安保闘争の最中、羽田空港に降り立った米国のハガチー代表を空港から追い返した闘士、山根二郎が弁護士会の公害対策委員長を勤めていたので、全国の弁護士会の中でも長野県は急進的な風潮が強く、当然、行政、団体、業界との対立も険しいものになった。

当初、行政はスタッドレスタイヤの普及促進が図れるまでは…ということで行政と地方自治体、民間の三位一体論を主軸として期間制限、出荷制限などを実施していた。

特に通産省の若手官僚からすれば、左翼系の弁護士会グループに屈服してなるものか…という対抗意識も強く、一方、メーカーサイドも青年将校クラスが、若手官僚の動きと呼応して問題は難しくなっていた。

柴本重理は、粉じん問題が世上をにぎわし始めた頃から、スパイクの規制、ひいては製造販売の中止を念頭に入れて後任の服部にその意を伝えていたが、この問題が最終局面に入った頃は、社長も次の家入昭にバトンタッチされて、状況は変っていた。

というのは、オートバックス、イエローハットなど量販店の展開が全国規模でくり拡げられ、総ての地域で45〜48%のシェアを保持していたブリヂストンにとって、量販店の店内シェアは僅か10%内外しかないことから、量販店の展開と逆比例してブリヂストンのシェアは全国的にジリ貧、社内は危機意識が充満していた。

同業他社の横浜ゴム、住友ゴム、東洋ゴム、オーツタイヤ、オカモトなど総てのメーカーは、トップから販売の第一線に至るまで「総てをブリヂストンに一任する」というスタンスだったので、この公害調停案を受け入れるか、蹴るか、ブリヂストンの考え一つにかかっていた。

ブリヂストンの青年将校は武闘派、穏健派とに分かれたが、その中で戦闘的であったのは、若手ホープの柴本尚重で、彼は仙台支店長から本社の企画部長に着任したばかりで現地ユーザーとの接点も多く、効率の悪いスタッドレスでは、物流に危機をもたらす、困るというユーザーサイドの考え方に立っていた。

スパイクタイヤの販売を禁止したらブリヂストンのシェアは10%以上も下るのは必至という、根拠のない被害妄想論も出て、状況は混とんとしてきた。

彼の直属の上司、太田進は部下思いの親分肌で取締役だったが、柴本尚重の意見を取り入れたのが災いして、ブリヂストンを去ることになる。

石橋幹一郎は、家入昭の次の社長にこの太田進を思い描いていたから、この人事はブリヂストンの激震の一つに数えられるだろう。

現役社長の役員人事は、幹一郎といえど口を挟めない。彼は、やむなく太田を熊本製粉の社長に任命するが将来は社長にする積りであったことを太田に云ってきかせている。このエピソードは、太田に代って社長になった海崎洋一郎も石橋幹一郎からこの経緯をきかされているので、太田と海崎は意外と仲がいい。同じ昭和7年生れで、部長時代は雀友だったこともあって今でも二人は麻雀を楽しんでいる。

何れにしてもスパイク問題が発端となってブリヂストンのトップ人事は大幅に筋書きが変わることになった。

この頃、重臣・柴本重理は現役を退いて特別顧問に就任していたが、この問題が企業の利益になるとか、業界の利益になるとかというスタンスでなく、スパイクは「公害問題」という認識をはっきりと持っていた。

大先輩のこうした「助言」と、家臣の行政、自治体、メーカーの三位一体で解決すべし、という「進言」の狭間で家入昭は、スパイク問題にどう決着をつけるか、その悩みは深く重かった。

◇

ここで家入昭の交友を示す意味で少し寄り道をする。

石橋正二郎は、教育訓練には特に力を入れていた。

ブリヂストン美術館建設も社員の教養を高めるための一側面とみた方がいい。

そんなことから語学研修制度にも力を入れ、学校に通えば費用を会社で負担するとか、米国への留学制度も民間企業で、いち早く取り入れている。

後に作家になった小島直記と家入昭とブリヂストンスポーツの社長になった山中幸博は、三人揃ってアテネ・フランセにフランス語の勉強に通った仲である。

山中の葬儀で友人代表で挨拶したのが小島直記だったのは、こうした経緯がある。

その山中は、BSスポーツの社長になってから亡くなる迄、家入昭を毎年4～5回、調布市の桜ヶ丘カントリーに誘った。家入の自宅（調布市染地）と拙宅の距離が10分足らずなので、ゴルフの時は何時も社長車に便乗させてもらうことにしていた。

スパイクタイヤ問題が大詰めを迎えた頃、桜ヶ丘カントリー・クラブの帰り道、飲み足りないので、一杯馳走になりたい、と所望したら『ワインが沢山あるヨ。』と彼は応えた。

家入の自宅は、タイ・ブリヂストン時代が10年もあったことから、室内はタイのインテリア一色、タイの社宅をほうふつとさせる。

その時、ワインのつまみに「スパイク問題」が出たのは言うまでもない。

そこで持論を展開した。要は「公害裁判に引きずり出されたら、勝っても負けても結果は同じ。一民間企業が行政などと一緒になって首を突っ込むのは有害無益、得策ではない。第一、通産省が責任を取ってくれるならまだしも、責任は取れない、と明言しているのに何を逡巡しているのか。」と社外の常識を厳しく意見した。

数日後、家入と会った時、彼は…『やられ放しだったわネ、と家内にいわれたヨ。』といって、にこりとした。多分、妙子夫人は、私の意見が正しい、と援護射撃してくれたに違いない。この時、家入は製造中止を決断したと思われる。

総理府の公害等調整委員会の第5回調停で、家入が通産省の意見をハネつけて「スパイクタイヤの製造販売の禁止」を弁護士会と合意したのは、それから間もない昭和63年6月2日のことである。

小島直記塾と弁護士会

弁護士会

◎…安保闘争の時の羽田空港で起きたハガチー事件は、知る人ぞ知る。
その時のリーダーが後の山根二郎弁護士。

その彼が、各メーカーの社長との調停の席で砂袋に入った粉じんをテーブルの上に〝ドカン〟と投げ出し、社長連を仰天させた。

その話を聞いて山根弁護士に会ってみたい、と日帰りで松本城から2～3分の処にある弁護士事務所に出かけた。昭和62年の8月5日である。

木造2階建の古い建物で階段を上ると…ミシミシと音がする。

その日は山根弁護士は不在の為、代表のもう一人、中島嘉尚弁護士と会った。

『メーカーさんはスパイクタイヤの安全性を強調するが、単なる利便性に過ぎない。

命にかかわる問題ですから企業の社会的責任を求めていくしかありません！』

何処かで聞いたセリフだったが、早くケリをつけたのは何よりだった。

家入会長を補佐したのは、横浜ゴムの本山一雄副会長。

早くから製造と販売の禁止を持論にして最終局面で家入を助けた。

小島直記塾

◎…作家小島直記は小島塾を10数年前から開校していた。
主催は致知出版社でメインテーマは「時代と人物」で、世界の主要国の偉人に触れた。

世界の主要国を網羅していたが、家入昭は、この小島塾に社長時代から全部出席した。

日本編では石橋正二郎が入っていたので、二年間だけ小島塾に家入と一緒に通った。

正二郎の時はブリヂストンの全幹部が幹一郎に従って、聴講した。

この時、小島直記が幹一郎一人にだけ伝えたかったと思われるセリフはただ一つ、「社会事業に力を入れろ！」

幹一郎は友人小島直記のアドバイスを何と聴いたのだろうか…。

スパイクから見た日本

立法と行政の狭間から…

この業界で、数多く勉強の機会を得た。オイルショック時のレート、国際収支、国別賃金格差。そしてスパイクタイヤ問題では、立法と行政のかかわりについて、勉強をした。今回は、テーマから少し脱線して立法と行政についての「番外編」をおくる。

◇

国家は三権分立、立法と司法と行政から成り立っている事は、誰でも知っている。そして、この三者の関係において憲法第65条は「行政権は内閣に属する。」と明記している、つまり一般国民から選出された議員の代表で構成する内閣が「主」であり、行政府が「従」であると明記している。当り前だ。

国や内閣の根幹となる大切な立法には二通りのやり方がある。

その一つは、総理を中心に内閣で方針を出し、それに基いて担当大臣が行政官に原案を作成させ、それを閣議に計って国会にかける「内閣立法」と、もう一つは、各政党が行政官を使わずに、党が独自、議員が独自に法案を作成する「議員立法」

がある。

それが何うしたの？　一通りあっても何も問題はないじゃないの？　ということになるが、現実は大変。天と地の差がある。

それに気がついたのは、平成2年（90年）6月に開かれた参議院環境委員会の「スパイクタイヤ粉塵の発生の防止に関する法律」の最終日（22日）を傍聴してからのことになる。

この委員会室では、朝の9時から夕方まで終日、環境庁の作成したスパイク法案に対して、自民、社会、公明、民社、共産の各担当議員が質疑をしたが、この委員会を丸一日傍聴して、法律が、こんな形、プロセスで製作（立法）されている、という事が解り、がく然とした事だ。

スパイク法案自体は、廃棄物処理法と違って実に良く出来た法律で、法そのものに問題はないが、プロセスは世界の常識から遠くかけはなれている。

三権分立どころか、主役の立法は脇役の行政にやられっ放しなのだ。

結論からいえば、質問に立った7～8名の議員（立法）は、環境庁の局長（行政）一人に全く太刀打ち出来なかった。

この委員会の模様は大切な処だから実写風に少し描写しよう。

まずトップバッターは自民党の年長の代議士、老眼鏡をかけ風呂敷包みの中から質問に必要な資料をあちこち探しながら質問するのだが、覇気がないし、その内容は地元（札幌）選挙区がらみの質問で法律の核心には迫らない。

答弁に立った環境庁の局長は、各議員からのQ&Aに備えて精鋭の部下を一列に従えているが、丸一日の質疑応答の中で部下に相談することは、ただの一回も無かった。

議員の質問に対して間髪を入れず、てきぱきと応えていくが、その内容も自民党の議員に対しては敬語を使い、共産党議員に対しては木で鼻をくったような答弁で一蹴するなど、そつがない、というよりも〝見事〟とさえいえる感じである。

おそらく内閣立法のほとんどは行政官僚が作成した行政立法といっていいだろう。この委員会で結局、主役の筈の議員（立法）は、局長（行政）に一字一句たりとも修正を加えることは出来なかった。

こうして「法」は、行政の手でどんどん製造されていく。そして原案は、内閣なり大臣の意に従いながらも、表現は常に「難解」に作成されているのが普通だ。何故だろう？

それは「法」が解釈によって、AにもBにも、そしてCにも取れるように作成されているからだ。

行政官は、このABCを後からゆっくり作成した「法」に準じる「政令」、「省令」、「通達」、「ガイドライン」等で色付けしていくから、行政立法の内容はますます行政寄りとなり、立法の府の存在はますます影が薄くなりつつある。

官僚は何も好き好んで立法にかかわっているとは、いわないだろう。

その通り、大臣が年に3回ぐらい平気で替わる内閣だから、大臣の指示に従っていたら立法など出来っこない。言われてみれば…その通り。

立法権を放棄し、官僚にまかせっ放しにして、政策というよりも選挙に必要な金のことばかり考えている政治家は、最低の下、官僚が立法の代行をするのは、やむを得ぬ事かもしれない。

本来、政治家は、国益を考えて海外を視察して勉強し、図書館で勉強し、そして、その勉強をたたき台にして、論文を著して政策を世に問い、立候補する、というのが本来の姿の筈だが、外国に行けば、公費で観光、図書館に行く事は一度もなく、ましてや論文を著すなど飛んでもない、そんな人達の誰を選出するのか、国民が選挙離れになるのも当然だ。

日本は、三権分立に戻る処から考えねばならないだろう。

立法が議員によって正しくなされる為には何うすべきか考えねばならない。

アメリカの昨年の立法は、168件で、内訳は上院が32件、下院が136件で日本の内閣立法、行政立法に当たるのはゼロ、大統領が立法を考えても依頼するのは官僚でなく、議員個人に依頼するケースが多い。

日本の03年（156回国会）の立法はどうか、行政立法に当る内閣立法は、提出126件に対して成立が122件、一方、議員立法は、参議院議員が提出したのが19件で成立は2件、衆議院議員提出は92件に対して成立は14件で議員立法は行政立法のたった16分の1にしかならない。

議員立法を多くする為にはどうするか。アメリカでは共和党と民主党の政権が入れ替る度に、局長クラスの三千名が直ちに更迭、クビになる。各省庁の長官になると、そのまた友人、知人が局長にどんどん選任されるから、行政の局長を真面目に目指す人はアメリカには一人も居ない。ましてや、局長クラスの給料が年収で1千500万とすれば、なおさらだ。

従って、日本もアメリカのように、優秀な人材は官僚を目指すのでなく、政治家、州知事を目指すようにしなければならないが、その為には自民と民主が交互に替って、新しい政権が旧政権に加担した官僚を更迭、すればいいが、岡田民主党にそのパワーと見識はあるのか…。大変心配だ。人材、見識等からみて、やはり自民党しかないという日本のこの風土、文化、民族性は、それなりのカルチャーではあるが、官尊民卑の風潮が戦後50年も続けば、程度問題といわねばならない。

◇

04年3月3日、参議院会館で道路四公団民営化推進委員・猪瀬直樹の講演を聴いた。

小泉純一郎に望まれて彼は委員になり孤軍奮闘しているが、面白かったのは、二つ。

その一つは、彼が小泉純一郎と相当深い親交があると思われているのに、彼は小泉と一回も酒を飲んだことがない、といったこと。

そして二つ目は、道路公団に二つあるとされる決算書の問題、彼は公団の決算の実態を知るため、シンクタンク（調査会社）に調査を依頼したが、ことごとく断わられてしまう。

有力なシンクタンクは、ほとんど各省庁との契約で成り立っているから、猪瀬の調査を受けたりしたら会社は即、倒産してしまう。

ことほど左様に行政のパワーは、ことごとく立法を上回っている。

シンクタンク

◎…風呂敷包みを抱えて代議士が法案を作成することが出来るか、選挙に忙しくて、そんなことは出来ない。

だったら「党」がシンクタンクを創って、官僚の中の英才、世界の人材を高給で雇えばいい。

小泉純一郎は、省庁の将来の次官候補を秘書官にし、彼等の力量を国会答弁の中でほめた。

だったら彼等を党のシンクタンクにスカウトして将来の党のリーダーに育てればいい。党は立法の巨大なシンクタンクが必要だ。

これが定着する様にしたら…局長を目指すエリートも淘汰されるだろう。

本来、行政が立法を牛耳るのは無理があるのだが…。

ブリヂストンと住友ゴムの確執

メーカー4社単体の売上げ推移を昭和42年（67年）からグラフにしてみた。敢えて単体だけの売上げにしたのは、国内の勢力関係を厳密にしたかったため。バブルのはじける年まで、ブリヂストンの急成長ぶりは目を見張るものがあったが、状況は少しずつ変わる。

◇

石橋正二郎と柴本重理の名コンビは、次ページのグラフの左3分の2の曲線を見れば一目瞭然になる。

その要因は正二郎の哲学と柴本の哲学が渾然一体となってもたらされたもので、これが社員の「やる気」を全社にみなぎらせた。平凡なことかもしれないが、適材適所、信賞必罰がキチンと実行されたからになるが、二人の存在、影響力が薄れるにつれて徐々に社内に「きしみ」が出はじめる。

その結果はグラフに微妙な曲線をもたらすことになる。

次ページに掲げたグラフは、敢えて単体にした。ブリヂストンの売上げを連結ベースにすると2兆円を越して比較が解り難くなることもあるが、何よりもこの方が解り易い。

◇　◇

昭和57年（82年）2月13日、ブリヂストンはファイアストンのテネシー工場の買収を発表した。

その時期をグラフでいえば中央よりやや左の位置になる。

ブリヂストンにとってテネ

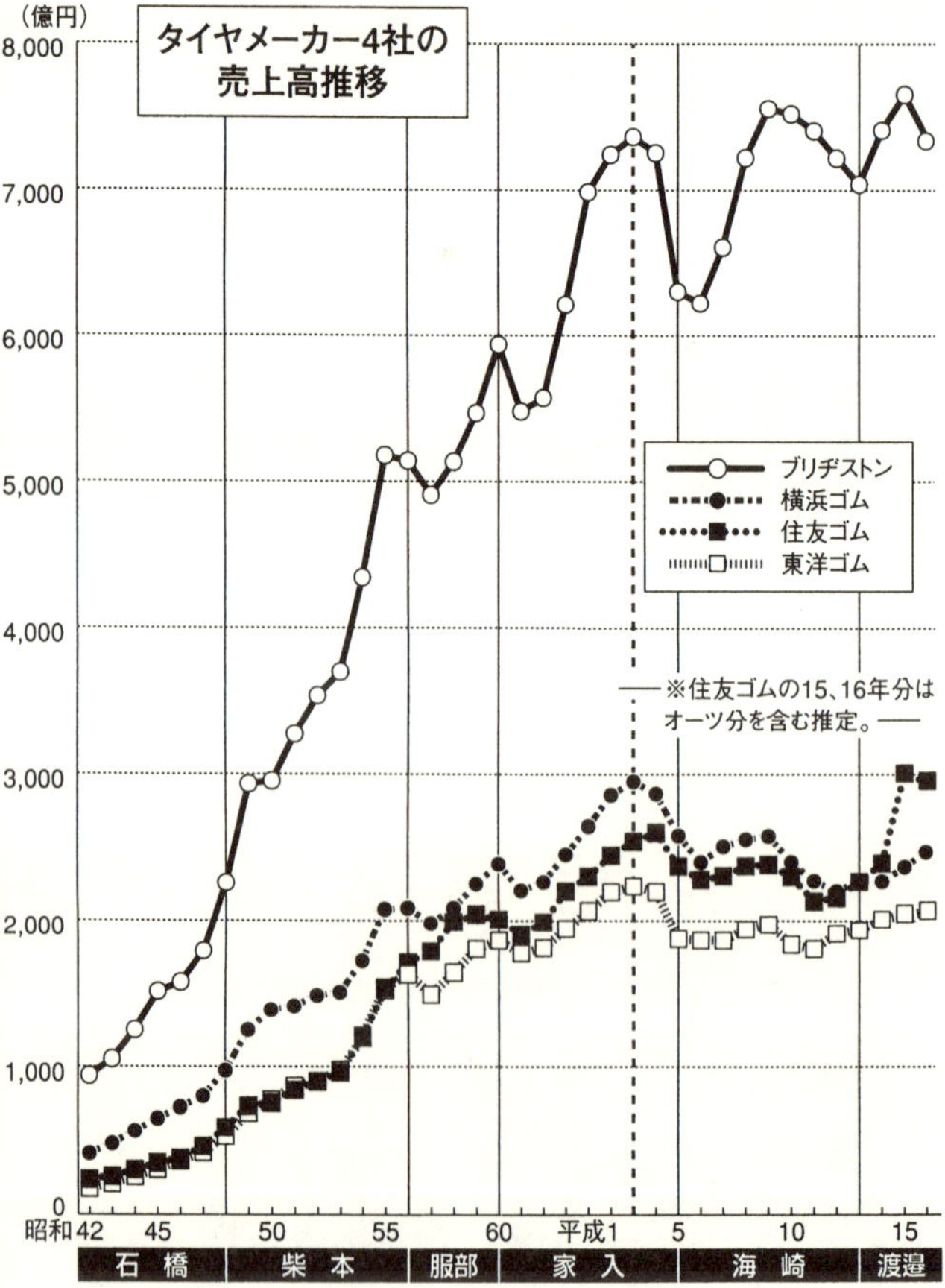

シー工場の買収は一見、絶頂期と見える発表だったが、この頃にブリヂストンには一つの「あせり」が出はじめていた。

それは何か?、それは国際競争力に代表される「生産性」でブリヂストンは住友ゴムに「格差」をつけられつつあったからだ。

昭和47～48年当時、グラフの勢いは、他社を寄せつけなかった。それは、両巨頭の存在もあったし、それに基く抜群の販売力に支えられた面もあったが、もう一つは、同業他社に対して50％近い生産性の優位性を誇っていたからだろう。

具体的には、この頃、他社の一人当たりの新ゴム生産量は、10トン内外に低迷していたのに対して、ブリヂストンは15トン内外のアドバンテージを誇っていた。

けれどもこの格差を、住友ゴムが住友電工から導入した生産ノウハウとトヨタから導入した看板方式が軌道に乗って徐々にブリヂストンに接近、ついに78年にはブリヂストンの一人当り生産量17・3トンに対して住友ゴムは17・6トンと抜き去ったのである。ちなみに、この当時、横浜ゴムは13・9トン、東洋ゴムは16・8トンのレベルだった。

住友ゴムとブリヂストンの生産性の格差は、この年を境にして拡大を続け、ブリヂストンがテネシー工場の買収を発表した82年当時、ブリヂストンの一人当り生産量19・5トンに対して、住友ゴムは22％多い23・8トンに差を拡大、ブリヂストンの「あせり」は容易ならざる状態にあった。

従ってテネシー工場の黒字化と世界戦略は、生産性の格差是正のためにも至上命令となっていた。

ブリヂストンの海外戦略には、基本的なスタンスが常にあった。

第一は、拠点（工場）を建設するに当って、当該国のマーケットシェアが10％に達していること、そして二番目は、工場を建設するのに必要な資金は、資本金として本社が負担するが、土地、建物、機械等以外の費用は総て現地企業が、地元金融機関から資金調達して行う、この二つである。

従って同社の海外工場建設に当っては、技術、工場関係の技術担当のトップが主導権を握る事はなく、常に輸出、販売を担当する営業部が統轄してきた。

シンガポール、タイ、インドネシア、イランそしてテネシー工場も例外ではない。

テネシー工場の総指揮官となった石樽和夫は、至上命令を達成するため「3年で単年度黒字化」を目指す。

そのためには、工場の中核となる成型機について特に注意を払って、予め現地で使用している成型機を日本に取り寄せて稼働させ徹底的に分析、40数ヶ所の改良を加え、その他の機械についても総計で530ヵ所の改良を加えるなど万全を期したが、経営の基本は「Quality today will result in Quantity tomorrow」(今日の品質は明日の量をもたらす)―という基本方針を掲げて石樽は、経営の基本を品質に据え、これを合言葉にしてテネシー工場を軌道に乗せる。

スタッフは全社から28名の精鋭を選りすぐったが、現社長の渡邉恵夫もその一人として参画している。従って渡邉は「quality today」の意味を身に沁みて知っている。

こうして、計画通り3年目で単年度の黒字化を実現するが、当時のアメリカの金利は10%の高金利時代で、石樽は「金利の恐ろしさ」をいやというほど味わされ、後にファイアストンの買収後、海崎洋一郎も同じ苦しみを味わうことになる。

◇

ブリヂストンにとって住友ゴムの存在は「生産性」に限らず、販売面でも斎藤晋一と服部邦雄が真っ向から対立したように、何かにつけてブリヂストンを刺激したが、その頂点となったのは、テネシー工場を買収した翌年の83年9月、住友ゴムがダンロップの英、独、仏工場の買収を発表した時であろう。

この買収劇がなかったとしたらブリヂストンのファイアストン買収は多分実現しなかったかもしれない。

何れにしても住友ゴムの世界戦略の展開でブリヂストンは、ファイアストンを買収することになった。

次回は、ファイアストン買収の背景を追う。

ファイアストンの買収

ブリヂストンは、88年（昭和63年）の3月7日、遂に米ファイアストンの買収を26億ドル（約3千億円）で結着をつけた。この結着にたどりつくまでテネシー買収から実に5年間の歳月が費やされる。その長い期間は、そのままブリヂストンの苦悩でもあったが、今回はその背景を追う。

◇

83年（昭和58年）9月、住友ゴムが英ダンロップの4工場（英2、西独2）の買収を発表した時、ブリヂストン本社9階の役員室は、直下型地震。激しく揺れた。国際競争力のバロメーターである生産性で差をつけられ、ただでさえ気になっている住友ゴムが電撃的に海外進出を発表したからだ。

その前年、ブリヂストンは、既にファイアストンのテネシー工場の買収を実現させていたが、国の数と工場数が違った。

そして、続けて住友ゴムは翌84年にフランス・ダンロップの買収を発表し、さらに、その翌年、アメリカダンロップに資本参加（10％）、その翌86年アメリカダンロップ（2工場）も買収し、住友ゴムは文字通り世界に3極体制を確立した。

世界戦略を目指すブリヂストンにとって、容易ならざる状況が展開されだした。

そしてヨーロッパでは西独のコンチネンタルが米ゼネラルを買収、北米のグッドリッチとユニロイヤルが合併（後にミシュランが買収）するなど世界再編成の波は、荒れに荒れていた。その真只中の87年（昭和62年）、あろうことか世界の双璧、将来のライバルと目していた、米グッドイヤーと仏ミシュランの両社から直接、ブリヂストンに対して傘下に入らないかと打診があったのである。

次ページの表は、ブリヂストンがテネシー工場を買収した当時の世界の上位14社のランキングである。

今回のこの記述の中で名前が一回も出てこないのはダンロップ・オリンピック（豪）と横浜ゴムと東洋ゴムの三社ぐらいで、ベスト10という枠をはめたらベスト10が総て再編成の渦中にあったことになる。

本書の最終回では、主に世界のビッグ・スリーの三ツ巴戦の展望を中心に描きたいと思っているが、既にこの表から実質的に社名が消えたのは3分の1を越える。

この時期、ファイアストンとブリヂストンの売上高は拮抗していたが、従業員数をみると、ファイアストンは2倍の人数になっている。

●1983年メーカー売上ランキング　単位：百万ドル

順位	メーカー名（国　籍）	売上高	従業員数
1	グッドイヤー（米）	9,736	128,760
2	ミシュラン（仏）	5,390	120,000
3	ファイアストン（米）	3,866	60,000
4	ピレリ（伊）	3,730	68,000
5	ブリヂストン（日）	3,208	32,308
6	グッドリッチ（米）	3,192	29,427
7	ダンロップ（英）	2,430	53,000
8	ゼネラル（米）	2,184	34,000
9	ユニロイヤル（米）	2,040	20,607
10	コンチネンタル（独）	1,326	28,200
11	ダンロップ・オリンピック（豪）	1,264	18,500
12	横浜ゴム（日）	1,089	10,848
13	住友ゴム（日）	945	6,550
14	東洋ゴム（日）	861	6,719

つまりこの時点で一人当りの生産性、売上金額でヨーロッパは日本の3分の1、アメリカは2分の1ぐらいの開きがあったと思われる。

レートの問題はあっても、生産性のキーになる成型機の性能でもそれくらいの開きはあったし、多分、いまでもそれに近い開きがあるだろう。

住友ゴムとグッドイヤーの資本・業務提携でグッドイヤーの将来が何う変っていくか、それは日米国際競争力の比較を占う意味でも大きな意味がある。

話は少し横道にそれたが、何れにしても、世界のビッグ3を目指していたブリヂストンは、当面のライバルから〝何うだ、一緒にならんか！〟とやられて、面目はまる潰れ、孤立感は、想像を絶する状態に置かれていた。

83年から86年にかけて駆逐艦、コンチネンタルと住友ゴムの激しい動きに、戦艦、グッドイヤーとミシュランが刺激されたのかもしれないが、何れにしても両社の動きはブリヂストンにとって屈辱的な出来事であった。特に国際派として海外拠点の総てを手がけてきた社長の服部邦雄にとっては、なおさらであったろう。

一方、国内の状況は円高の進行と共に国際競争力の低下が余儀なくされ自動車メーカーも海外拠点の展開を積極的にすすめていて、部品メーカーへの海外進出要請も活発になりつつあった。

◇

ブリヂストンのファイアストン買収劇の中で最も主要な役割を果した人物といえば、買収される側のジョン・J・ネビンかもしれない。

彼は79年（昭和54年）フォードの副社長から家電のゼニス会長を経てファイアストン再建のCEOとして迎え入れられていた。

80年代に入ってジョン・J・ネビンはゼニス時代、親交のあったソニーの盛田昭夫を通じてテネシー工場の買収を打診したのがきっかけになる。盛田昭夫と石橋幹一郎は、財界の中で最も仲がいい旧知の間柄だったので、ネビンは最高のルートでブリヂストンに接近したことになる。

左側からジョン・J・ネビンCEO、柴本重理名誉顧問、買収契約にサインする石橋幹一郎会長、竹内規浩取締役（ファイアストン副社長）

ファイアストンは、順調な業績を上げていたがそれも70年代前半までで後半からはラジアル化の波に乗り遅れ、無理なラジアル製品化から2億ドルのリコール問題を起こして身動きがとれなくなりつつあった。

リストラの大家として自他共に認められていたCEOネビンは果敢に6〜7千名のリストラをすすめる一方、研究に膨大な開発資金のかかるトラック・バス（ＴＢ）用タイヤ部門からの撤退を早々に決めた。

おそらくネビンは、数多くの矢を放ったに違いないが二年近い歳月をかけてテネシー工場を売却することに成功する。

逆にいえば、テネシー工場の買収にブリヂストンは2年をかけた、というより、かかってしまったことになる。

ましてやファイアストン全体の買収となれば、北米に13工場、ヨーロッパに7工場、ニュージーランド、ケニア、フィリッピンに1工場、それに研究所と二つのゴム園となれば、テネシー1工場とは比較にならない。

従業員数もブリヂストンの倍の6万人である。

決断には実質3年もかかった。

何故これだけ決断が遅れたか、それはいうまでもなく石橋幹一郎が慎重であったことにつきる。

石橋正二郎は、第2次世界大戦で資産の半分を海外で失った。従って海外拠点の進出には極めて慎重、シンガポール、タイ、インドネシア、イラン等の進出に際しては、重臣・柴本も、機嫌のいい時を見はからって資料を出すと、途端に正二郎が不機嫌になるので困った…、と述懐していたのを思い出す。

幹一郎にすれば、国際競争力が2分の1以下しかない上、財務内容が最悪となれば、その決断が容易でなかったことは想像に難くない。正二郎でも迷ったろう。けれど87年、グッドイヤーとミシュランから「手を組まないか」と屈辱を受けた服部邦雄と家入昭と木下正之の危機意識は頂点に達していた。

ジョン・J・ネビンから提案されているファイアストン買収の決断を三人は幹一郎に激しく迫って、遂に合意をとりつけたのである。この時、服部は社長の座を賭けた、と聞いている。

翌88年(63年)、2月17日、服部の後を継いだ家入はファイアストンと合弁でブリヂストン75％、ファイアストン25％の出資比率で望む体制を発表するが、二週間後の3月7日、イタリーのピレリ社にTOBをかけられる。

この時の攻防戦は一般マスコミでも大いに喧伝されたので、ここでは簡単にする。話しのストーリーはピレリ社が仕掛けたTOBは一株58ドル(総額19億3千万ドル)だった。

ブリヂストンがファイアストンを買収した当時のF社株価は10ドル以下だったが、買収発表と同時に45ドルにハネ上った。

噂ではピレリの後にミシュランが後押ししているとか、ネビン自身が株価をつり上げるためにピレリ社に仕掛けたとか噂は噂を呼んでいた。

取締役会で対抗する、と決めて、家入昭と財務担当の小野晃熙はシカゴに飛び現地の調査会社（ラザールフレール社）と対抗措置を検討、ピレリが買い上げる上限は一株84・5ドルで総額28億ドルと知り、短期決戦を取り一発で勝負を決めた。

ブリヂストンの最終価格は一株80ドル、総額は26億ドルとなった。この額をめぐって、高い買い物、そうではない——と議論はあったが、買収額は一過性の問題なので、大勢には余り影響はないとみた方がいい。

問題は、それからの展開になるが、次回は買収後のファイアストン・ブランドのリコール問題を中心に取り上げる。

ミシュランとのヤリトリ

◎…ブリヂストンとミシュランの間には2回、提携の話があった。

2回目は今回の「光と影」に出てくる87年だが、その前は実に半世紀前の昭和32〜33年（57〜58年）の頃だった。

正二郎はミシュランのラジアル技術を導入したい、とミシュラン社に申し入れる。

この時、フランソワ・ミシュランが来日して要求したのは売上げの5％という法外なロイヤリティ、正二郎は直ちに技術導入を拒否したが、この交渉で、正二郎とフランソワ・ミシュランの通訳を担当したのが、まだ平社員だった家入昭。

この時、フランソワミシュランのいったセリフが面白い。

曰く『日本では妾が旦那を二人持つのか』

旦那とはグッドイヤーとミシュランの事だったのは云うまでもない。

フランス語

◎…その家入さんが社長になって、一杯飲み屋で…。

『ブリヂストンはまだまだの会社なんだヨナ。』

『そんな事ないでしょう。大きいじゃないですか？』

『それなら聞くけどブリヂストンにフランス語を喋れる社員が何人いると思う？』

『…？』

『たった二人ョ。』

ということは、家入を入れての事なのか、それとも別なのか…もっとも喋るといっても流暢なフランス語だろうけど…。

一日一億の赤字続く

88年（昭和63年）2月、ファイアストンの買収が決定して、ブリヂストンが実際に経営に乗り出すのは5月になる。CEO、ジョン・J・ネビンの率いる5万3千名の大所帯を何うやって動かしていくか、何処から手をつけるか…状況は厳しかった。

◇

ブリヂストンのファイアストン再建に対する当初の基本スタンスは、①経営者も含めファイアストンの全従業員をパートナーとして遇する。②相互のカルチャーを尊重し、それぞれの企業体質を融合して有機的なシナジー効果をねらう―というものであった。

この基本スタンスはテネシー工場買収後の品質改善、生産性の向上を両立させた経験に基くものであったが、現実は決定的に違った。

つまりテネシーは、経営も品質改善も生産性向上も総てブリヂストン主導だったが、今回は余りに相手側の図体が大き過ぎるので、経営陣はネビン以下5名の役員

（社外重役は除く）にまかせ日本側は副社長2名を参画させ、製造方法と品質保証の裏方に徹する方針がとられた。

経営の本体をそのままにして、ブリヂストンが裏方に徹して会社が良くなる筈はない。

そこで90年1月、江口禎而会長がアクロンに飛び、代表会長として総指揮をとる事になったが、一年経過しても事態は一向に改善されなかった。

そこで石橋幹一郎は、化工品部門で手腕をみせた海崎洋一郎に白羽の矢をたて、現地へ向わせる。

しかし当初、海崎は単なる会長だったため、ネビンの腹心、オーコットが総ての執行権限を掌握、チェアマンも務めていたので身動きがとれない。

そしてブリヂストン・アメリカ（現地販売会社）の社長を務めていたマッキャン（元日本GY社長）は、買収後、ブリヂストン・アメリカの本社（ロスアンゼルス）からアクロン入りしたが、オーコットと対立、二つの対立に海崎が加わって三つ巴戦の様相を呈し、ファイアストンのムードは最悪となった。

しかも、その当時、ファイアストンは1日1億円、月額で30億もの赤字を出し続けていた。

海崎は、アメリカ派遣の内示を聞いて、直ちに10日間アメリカに飛び、予め状況を視察、1日に1億円もの赤字が出ている事を初めて知る。

そこで出張から戻ると、14億ドルの増資を石橋幹一郎に取り付ける。

この年のファイアストンの売上高は42億ドル、そして借り入れ金が30億ドル、売上げに近い借り入れがあったから資金が回る筈もない。

困ったことに、3月着任したその月に支払う給料がない。彼は直ちに現地の住友銀行に電話を入れて、融資を依頼した。

住友銀行は、二つ返事で融資を受け入れるが、決りなので本社の保証が必要ですと付け加える。

それは簡単なこと、とばかり海崎は本社に保証依頼の電話をするが、断られる。

ガク然とした彼は、この電話を〝石橋幹一郎に繋げ〟〝会社を潰す気か!〟と怒鳴るが、そこで受話器はガチャンと切られた。

思いもかけない本社の仕打ちにガク然とするが、彼は仕方なく、ジャンク・ボンド並みの金利で現地銀行から借り入れる事にしたのである。

この電話をきっかけに、海崎の本社に対する不信感は増幅する。

それなら本社の力など借りないで、ファイアストンの再建を独自に成し遂げてみせる、という気概が湧いたかもしれない。

これを契機に彼の改革の方針は厳しさが加わる。

言うことをきかないオーコットはフロリダで休暇中だったが、内山彪に命じて引退を申し渡し、販売陣営は、売り上げ金額より本数を重視するマッキャンを第一線からはずすなど、矢継ぎ早に人事と改革を断行した。

手はじめに始めた最たるものは、アクロン本社をナッシュビルへ移転させたことであろう。

本社移転にオーコット一派は猛烈に反対したが、社内会議の内容が一時間後には、同じアクロン市にあるグッドイヤーにキャッチされること、そしてアクロンには、研究所があるだけで工場は既に無く、販売本部はシカゴだったので、本社をアクロンに置く必要は全くない、と判断したのだ。

そして次の改革は、ファイアストンの全事業所を21に再編して、CEO直轄の文鎮型として、給与に計画達成制度を取り入れた。

それと融資依頼を断わられた時からアメリカに派遣された全社員に向って、本社を向いて仕事をすることはならぬ、ひたすらファイアストンの再建にだけ全力を投入するよう命を下したのである。

94年3月、彼は見事にファイアストンを軌道に乗せて、凱旋将軍として帰国、ブリヂストン本社の社長に就任するが、アメリカ時代の苦しみを強く味わっていたから、本社社長に就任してからも、海外に派遣されている社員を擁護して、無断で本社から一切の命令、指示、そして資料の提出等を求める事を、厳しく抑制した。

従って、フォードのRV車のエクスプローラに装着されたタイヤに異変が発生した時、本社の幹部はインターネットを通じて異常事態発生を知りながら、幹部は極力、現地への問い合せや連絡要請を抑えたため、事態を悪化させる結果となってい

ブリヂストン有利子負債連結推移（1988〜2003）

単位：百万円

1988年	465,344
1989〃	523,774
1990〃	617,643
1991〃	694,058
1992〃	730,117
1993〃	705,094
1994〃	596,772
1995〃	495,716
1996〃	444,133
1997〃	374,194
1998〃	383,547
1999〃	337,620
2000〃	516,660
2001〃	※ 765,844
2002〃	470,168
2003〃	487,237

※リコール発生の年

く。

彼は、本社社長に就任した時、連結ベースの有利子負債（別表）7千300億円を出来るだけ早く1千億円にする事を目指して頑張り、99年には3千300億円、半分以下に減らすが結果としては、再建を余りに急ぎ過ぎ不測の事態を招くことになる。

生産性ＡＢＣ

生産性①

◎…メーカーの生産性を示すデータには、いろいろな方法があるが一番簡単なのは、総売上高を総従業員数で割ること。

例えば、03年のブリヂストングループの総売上げ高は、2兆3千39億円に対して総従業員数は10万8千741名なので一人当りの売上高は、2千1191万円になる。

一方、ブリヂストン単体でいくと売上高は7千656億円に対して従業員数は1万2千480名なので一人当り生産性は6千135万円となる。

ざーっと、単体は連結の3倍の生産性になる計算。

従ってグローバル路線を貫くことが如何に難しいか良く解るし、労働の質の差も解る。

この生産性の違いは米、英、独、仏で見事に色分けできるので全く違う分野でも参考になる。

生産性②

◎…ついでに生産性を一人当りゴム量でみると…どうなるか。

①位は住友ゴムで＝50・3トン、②位はブリヂストンで＝47・3トン、③位は東洋ゴムで＝43・8トン、④位は横浜ゴムで＝40・0トン。

但し、従業員数はアウト・ソーシング会社の違いや、派遣社員、契約社員ｅｔｃの扱いに差があって、正確を期すのは難しいけれど大よその傾向値はつかめる。

売上高

◎…ブリヂストンがファイアストンを買収した時の米欧を合せた売上高は約36億ドルだったが、いまは120億ドルに伸びている。

ざーっと3倍に売上げを増やした計算。

データは取り方、角度でいろいろ変る。

名外科医、海崎のメスは国内へ

93年2月、至難の業とされたファイアストンを見事に再建して凱旋した海崎は、外科医としての名声を日本中にとどろかせた。間違いなく、彼をおいてファイアストンの黒字化を実現できる人はいなかっただろう。そして、海崎の外科医としての目は、国内に鋭く向けられた。

◇

93年（平成5年）3月、海崎洋一郎が社長に就任した頃、ブリヂストンの国内の状況は、売上高が2期連続してダウン、経常利益も平成3年の766億から689億、翌年は約半分の355億に減るという厳しい状況下にあった。

外科医として腕の立つ海崎の目は、国内でもリプレイス部隊に鋭くそそがれたのである。

ブリヂストンには、入社の時、配属された部署がタイヤであれば、ほとんどの人が定年までタイヤで過し、化工品なら最後まで化工品という傾向が強い。

本人の希望で例外はあるが、タイヤから化工品を希望するケースは稀で、化工品からタイヤを希望しても空席待ち、順番はなかなか回ってこない。服部邦雄や海崎洋一郎のように石橋の目に留った幹部候補生は例外中の例外になる。

それはそれとして、社内を肩で風を切れるタイヤ部隊に対して、化工品部隊は、何となく〝わだかまり〟と〝遠慮〟がある。

かといってタイヤと化工品担当者が麻雀をしないかといえば、そんなことはなく、交流はあるのだが、やはり人事交流は、幹部社員を除いて極めて少ない。

特にリプレイス部隊は、会社の利益の120％を計上する稼ぎ頭だ、だから何時も元気がいい。

木下正之に質問したことがある。『利益の100％をリプレイス部隊が稼ぐ、というのなら解るが、120％というのは何ういう意味ですか？』と素朴な質問をしたら答えは簡単、『海外部と化工品の赤字の20％を消して、残りの利益の総てをリプレイスが稼ぐから…。』と相成る。

この栄光の歴史は、創業以来ずーっと続いているが、さすがに、最近では比率が60～70％に下ってはいるが、稼ぎ頭であることに変りはない。

けれども海崎には、本社へのわだかまり、そしてリプレイス部隊へのわだかまりが強い。

そこで矢面に立たされたのがリプレイス部隊の指揮官、高野新松常務と、その下にいた井上正明（取締役）の二人。他にもリプレイス担当重役はいたが二人への風当りは、相当のものがあった。

不幸だったのは、オートバックスなど、ブリヂストンに不利な量販店のタイヤ・ホイールの年商が200億円を越すなど勢いをつけていたのも災いした。

現実問題として、平成5年のブリヂストンの国内シェアは44・6％から43・9％にダウン、リプレイス界では、0・1％の上下動はニュースになった時代だけに、これだけの幅のシェアダウンは、これからのことも含めて大きな問題となっていた。

この年、シェアを下げたのは、ブリヂストンとミシュランで、横浜ゴム、住友ゴム、東洋ゴムがその分を分け合った。

シェアのことが出たので、最近の動きについてコメントしておくと、平成14年の国内シェアは、①位B＝45・2％、②位住友＝24・9％、③位横浜＝20・6％、④位東洋＝9・6％だったが、15年、栃木工場の火災で、①位B＝42・7％に大幅ダウン。②位S＝25・7％に急増、③位Y＝20・5％で横ばい、④位T＝10・6％の大幅増であるが、何れにしても栃木工場の火災の影響が予想以上に強く出ている。

話を戻して、アメリカで自信をつけた海崎は、手をゆるめなかった。

アメリカで自信を持った一気通貫（間接部門の排除）、ノルマ制の導入、徹底した人員の削減を断行し続けた。

アメリカは周知の通り徹底した契約社会、訴訟社会。一見、合理的、効率的ではあるがリコールのように個人とのかかわりのない問題は、総て看過されて放置され、事件はこじれ切って訴訟に持ち込まれるケースが多い。

何も生産しない法務関係の人達、なかんずく弁護士の数は、日本のざっと50倍の100万人を越える。

これらの人達が手ぐすねをひいて訴訟を起すから厖大な金額とエネルギーが消費されて、アメリカ社会が国家として失うものは計り知れない。

この点、日本は話し合いと調停でことが運ばれ、一見、効率が悪そうだが、そうでもない。

仮りに日本では、人身事故がらみの事件が発生したら、この報はすぐに社長に伝えられるし、報告が届いた時は、既に現地部隊が最善の措置をとっている。

ブリヂストンのリプレイス部隊は、そうした仕組みの上で構成されているので、一見、非効率のようだが有事には、際立った動きをみせる。

アメリカ社会でのやり方と日本社会でのやり方について、高野新松常務は、抵抗するが…所詮は社長と常務の闘いで自ら限界があった。

高野新松は、後継者に井上正明を推挙するが、品質管理問題とORの海外販売会社設立の件で海崎と井上の意見は対立していた。

品質上の対立は、海崎がブリヂストンの製品は30％の過剰品質で過大すぎる。10～20％で充分、との意見に対し、井上は過剰品質が30％という保証はない。仮りに15％だったら、水準を下回る恐れがある、と反発して子会社のFVSに出向させられる。

どちらも会社の将来を思っての意見対立だったが、ここで海崎は、争臣だった高野新松と井上正明を失ってしまう。

アメリカでの自信が、そうさせたのだろうが、争臣がいなくなると思いがけない事態が起る、としたものだ。

嫌な情報ほど一分一秒を争うが、争臣がいなくなると、悪い情報はことごとく遠ざけられ、聞き心地のいい情報だけが側近からもたらされるようになる。

ファイアストン・ブランドを装着したSUV車「エクスプローラ」の事故が米国南部とベネズエラで多発、この報が最初に流れたのは96年（平成8年）夏頃だったが、この報がキチンと海崎の耳に入るのは、二カ月近く驚くほど遅れた。

縁の下の力持ち

事故とリコール

◎…自動車と交通事故はセット。毎日、全国各地で多発している。

そのほとんどの事故は、ドライバーの不注意によるものだが、中には部品にかかわる場合もあり、それも管理、メンテナンスが不充分なケースが多い。

そんなことで事故を起した当事者からメーカーへ苦情は絶えない。

そこで活躍するのが、リプレイス部隊所属の技術サービス部隊。

ブリヂストンでは、西原好、笹野留吉、岡田岩雄などが、この部隊を鍛え支えた。

TC（テクニカルセンター）からは、本格派ではないと烙印を押され、営業の本隊からは、何時も脇役を強いられ、本社機構の中では、日の当らぬ場所の一つ。

有事には、最初に現場に飛び当事者と会って一分一秒でも早く問題を処理していく。いつも縁の下の力持ちなのだ。

従ってサービスマンは、全国津々浦々までユーザーはもとより自社系の販社、ショップも回るので、国内マーケットに関する情報量は、最高にして最大。

だから販社の台所の事情、販社社長の人望などもよーく知っている。

トップは、こうした縁の下の力持ちと焼鳥を時々食べるといい情報が入る。

BS建設

◎…恵まれない、縁の下の力持ち、企業にとって大切なこうした人達にとってBS建設タイヤ販売の社長のポストは、一つの栄光の座だったが、今は海外部や販社幹部などサービス以外のポストになりつつある。

陽の当らぬ場所だから大切にしたいものだネ。

リコールの問題点は何か

緊急記者会見の中から

96年（平成8年）夏頃からフォード社製のSUV車、エクスプローラの横転事故が目立ちはじめ、その原因としてブリヂストン・ファイアストン（BFS）製のタイヤが俎上にのぼりはじめた。今回はエクスプローラの事故の経過をたどる。

◇

この事件の発端は、米国の地方テレビ局の腕ききディレクターが、家族4人でキャンプに向った96年6月、テキサス州ヒューストンでこの事故は発生した。乗っていたクルマは、「エクスプローラ」で、不幸にも家族は全員、クルマの横転で死亡した。

そのディレクターの部下の女子社員が、この事故に不審を抱く、あの優秀で運転もうまい彼が簡単に事故を起す筈がない。

何かあったに違いないと思って追跡調査していく内に、エクスプローラの一連の事故に突き当る。彼女は、この追跡調査を本にした。

そして、この本がピュリツアーのドキュメント部門の賞を取って、この事故は単なるローカルの一事故から一挙に全米をゆるがす事件へと拡がった。

00年5月、米国高速道路交通安全局（NHTSA）は、事故原因についてBFS製タイヤに欠陥があるとの見方を強めている、と声明を発表した。

BFSは、この発表から3ヵ月後の8月10日、現地と日本で同時に650万本のタイヤをリコール（自主回収）すると発表したが、その発表内容は「タイヤの設計や製造方法に起因する問題点を特定できていないが、お客様の安全を第一と考え、自主回収に踏み切った。」と「欠陥」は認めないが「回収」はするという、歯切れの悪い内容だった。

おそらくブリヂストンにすれば今回の事故の原因の大半は「エクスプローラ」にあり、百歩ゆずっても事故の責任は、フォード社側とBFSで半々になる、という確信があったようだ。

この問題で、ブリヂストンは、事故原因の調査をフォードと共同歩調でやり、NHTSAへの調査報告も両社が連携して行う方針で臨んだ。

この方針は、責任の大半は、エクスプローラにある、と確信しながらも大切な納入先で、100年近い取引関係もあるフォード社の立場を考慮したからに違いない。

しかし、9月6日に開かれた米上下両院の第1回公聴会でナッサー社長は『BF

Sは、事故原因究明のために要求した資料の提出も遅く、その対応に失望した。事故の原因は、タイヤの〝欠陥〟にあり、エクスプローラは、最も安全な車である。』と態度を急変したのである。

この公聴会のテレビ中継を、徹夜でブリヂストン本社9階で見ていた海崎社長以下、全役員にとっては想像だにしない展開であった。

ことによったら公聴会でNHTSAは公正な調査結果に基づいて、BFSの〝欠陥〟が不問に附されるかもしれない、という淡い〝期待〟があったかもしれないが、結果はナッサーに、一方的に木っ端みじんに打ち砕かれた。

こうして現実は、予想外の最悪の展開となった。

最終的に、BFSのランペ社長はフォード社との取引停止を決断、これを渡邉社長は、直ちに受け入れたが、交渉の経過をたどると「読み」の甘さと手順前後の感はぬぐえない。

それだけの覚悟と決断が出来たのなら、もっと早い時点で「欠陥ではないがリコールはする」といった歯切れの悪い内容にはならなかっただろう。

その年の12月13～14日頃だったと思うが、海崎社長からリコール問題について感想を聞きたい、と電話が入った。

たまたまその時間が11時過ぎだったので、ＢＳ本社と日本橋高島屋の中間にある寿司屋「逢来」で昼食を共にすることにして、そこで二時間近く感想を述べた。

第一点は、ブリヂストンの緊急記者会見を傍聴していて、一貫して感じたことは、ブリヂストンがＮＨＴＳＡは公正な、正しい調査結果を出すに決っていると確信しているように思えてならないこと。

日本の運輸省なら公正な立場で厳正な判定を下すかもしれないが米国は違う、過大な期待はしない方がいい、と感違いを指摘した。

第二点は、この当時、アメリカでは日系企業に対するジャパン・バッシングが日常化していた。

例えば98年、2年越しで和解が成立した三菱自動車のセクハラ問題で、賠償金は実に3千400万ドル、円に換算すると当時は132円だったので44億円、という途方もない金額になった。たかがセクハラで三菱自動車の弱腰もあきれはてるが、今になってみると三菱自動車の駄目さ加減は、既にその頃から始まっていたであろう。

それは、それとして、だから、今回のリコール問題とジャパン・バッシングが全く無関係とは思えない。従ってアメリカの訴訟関係者が三菱自動車並みの感覚で賠償金を要求するならブリヂストンは、全米に3万以上の雇用を創出して、アメリカに貢献しているが、必要以上の要求をしてくるのであれば、ブリヂストンは、ファイアストンから手を引く、「撤退する選択肢もあり得る」と声名文を発表した方がいい、—と二点を述べた。

それに加えて補足したことは、空気圧の問題。エクスプローラは、発売当初の空気圧は、30PSi（2・06キロ）だったが、横転事故が多発、車の安定性を良くするため、タイヤの空気圧を13・3％減の26PSiにしたい、とフォード社はBFS側に要請した。

この間の報道で最も正確だったのはウォール・ストリート・ジャーナルで、この経済紙は8月11日付の記事でこの問題を書いたが、その内容は紹介しておく必要がある。記事の一部を紹介すると「フォードは消費者やディーラーに対しエクスプローラの空気圧は26PSiにしたら乗心地がいいと推奨したのに対し、ファイアストンは30PSiを強く推奨した。

なぜ空気圧の問題なのか、車両は26PSiだと時間の経過と共に空気圧は24、または23に低下、高速走行すると温度が上昇してトレッド剥離が発生する。」と記述しており、この事故と空気圧の問題を厳しく指摘している。

この記事の中で問題なのは、時間の経過と共に空気圧は徐々に低下、正常値より

10％そして23ＰＳｉなら25％も下るという恐ろしい現実がひそんでいるということだろう。

ここで問題なのは、フォード社の標準空気圧の数値を下げてほしい、という要求をブリヂストンサイドが譲歩して受け入れたことである。

適正空気圧を少しでも下げたら相乗効果ではないが、空気圧は猛烈に下がりだす、ましてや高温、高速、超過重と悪条件を重ねると、大変な事態を引き起こすことは予測されて然るべきだろう。

その意味でフォード社の要求を受け入れた当時の技術陣の責任は重い。少なくとも事故の過半数に匹敵する原因をもたらした、と糾弾されても仕方はないだろう。表に出なかった由々しい問題の一つだ。

ここで難しいのは、抽象的な〝時間の経過と共に…〟という点になる。

経過期間が、時間単位なのか2～3日なのかそれとも、1～2週間なのか、それは特定できないが一旦、適正空気圧から10％圧を下げると、ＰＳｉが下り易くなることは素人でも解る。おそらく、フロリダやテキサス州の高速道路で真夏、四人家族でテントや炊飯用具を満載してスピードを出せば、事故が起るのはむしろ当り前なのかもしれない。

この問題の核心は「ＰＳ：ｉ」にあるといってもいいだろう。

この話を海崎に補足したら『技術の本当の処は私には解らない…。それにしても、もう少し早く本当の情報が入っていたら手を打てたんだが…。』と無念の表情で唇をかみしめた。

忠臣、小野正敏ＢＦＳ会長は96年、ヒューストンの事故を海崎に報告しているが、タイヤに問題はありません、とつけ加えた。このひとことが命取りになっていく。

〈リコール発表後の経緯〉

＝96年＝	
6月	エクスプローラーの事故で報道
＝00年＝	
5月8日	米運輸省NHTSAがＦ社製タイヤ3種の調査開始
8月10日	BFSが650万本のリコールを発表
9月6日	米国上下両院第1回公聴会
9月12日	〃　第2回公聴会
10月	BFS小野会長兼社長（CEO）が退任し営業担当副社長であったジョン・ランペ氏がCEOに就任
＝01年＝	
1月	BS海崎洋一郎社長が退任、渡邉恵夫専務が社長に就任
2月	BFSは8年ぶり5.1億ドルの赤字に転落
5月	NHTSAの140万本追加リコール要請に対してBFSは拒否
5月	フォードがファイアストンタイヤ1300万本のリコールを発表
10月	フォードのナッサー社長（CEO）解任、後任にニック・シェイラ氏が就任
11月	渡邉／シェイラトップ会談で全米53州に対し総額4150万ドルを支払うことで和解

リコール対応の背景

00年8月10日、650万本のリコールを発表した日から、ブリヂストンは、連日連夜、対応策をめぐって会議に次ぐ会議を開いたが、如何んせん、現地からの情報が限りなくゼロに近い、〝情報〟のない作戦会議は、方向を見失って難航を極めた。

◇

海崎洋一郎は、アメリカ滞在中、辛酸を共にした小野正敏らに同じ苦労をさせたくなかったから、本社社長に就任した時、現地への指示、命令、レポートの提出等について厳しい条件をつけた。

現地のスタッフがBFSの再建に専念できるように、との配慮からで、これはこれで正しかったが、それは平時に限った時のことで、大量リコール等の戦乱の時となれば事態は一変する。どんな〝些細〟と思われる情報でも状況判断の有力なきめ手になるかもしれないからだ。

海崎がアメリカの社長に就任した当時、既に係争中のクレームをめぐる件数は100件を越えていた。訴訟社会アメリカで、この件数は日常的な件数だ。決して多くはない。

海崎が、着任と同時に、この件について指示したことは、100万円以下の訴訟は総て示談、和解せよ、但し、100万円以上の件については一歩も引くな、というものであった。

この指示に従って、ほとんどのクレーム問題は、解決して、無駄な労力と時間を節約できた。

この頃は、まだエクスプローラの問題も発生していない平時であったから、これはこれで指示は的確で良かったのだが、死傷者が多数出た「エクスプローラ」事故、ともなれば問題は別、最優先課題の筈だったが、その対応は、海崎の従来の方針通り実施された。

アメリカは、周知の通り日本の60倍の弁護士がいる。正確には128万人もいるから、交通事故が発生すると最初に飛んで来るのは弁護士で救急車は、その次に来る。

また、彼等は、訴訟関係以外に上下両院の政界工作でもロビイストとして活躍している。

したがって上下両院の公聴会でフォードのジャック・ナッサーCEOは、何州のどの議員がどんな質問をするか総てをキャッチしていたのに対して、小野正敏CE

Oは、全く何の情報も手がかりも無かった、丸腰だった。

第一回公聴会でナッサー会長は、フォードとBFSの共同歩調から一転して、ファイアストンの欠陥に全責任を押しつけたが、そこには何かあったと思われる。

それは、米国高速道路交通安全局（NHTSA）のスー・ベイリー女史が、この一件が落着して何とフォード社のコンサルタントに就任していることと、深いかかわりがあった筈だ。

NHTSAの要所要所における発表は、フォード社側に有利な内容が多かったから、この人事の持つ意味は大きく深い。

日本では、一件落着した直後に官庁の幹部が当該企業に天下りするなど考えられない事だが、アメリカでは実行される。

前述したように共和党と民主党が政権交替する度に、日本風にいえば官庁のキャリア3千名が更迭、交替になるといわれているから、恐らく局長クラスのほとんどが、政権が変る度に〝総替え〟ということになるのだろう。

だから、こんな〝物騒な職業〟官僚を目指す人は、アメリカにはほとんど居ない。当然だ。優秀な人材は、州知事か上下両院か、何れにしても共和党か民主党の幹部として栄光を目指す。

日本式がいいのかアメリカ式がいいのか、ケース・バイ・ケースだが、今回のようなリコール問題では権威のある官庁、日本の方式がいいが、国家の骨格、「三権分立」からすれば、アメリカ方式が〝優る〟に決まっている。

話は少し横道にそれたが、日米外交は、このカルチャーギャップを正しく認識していないために、遠く江戸時代のペリー来航以来、失敗のくり返しである。ブリヂストンと、フォードとの闘いは、民間における日米外交としてとらえることができる。

フォードに対して、また訴訟に対して、何う対応するか、連日連夜、会議は開かれたが、数少ない〝情報〟で妙案が出る筈もない。

重苦しい会議の席で手を挙げて〝私がアメリカに行きましょう〟と〝火中の栗〟を拾ったのは金井宏専務（当時）である。

彼は、ブリヂストンがテネシー工場を買収した時、経理課長として現地に赴いて経験も豊富だ。

この当時、渡邉恵夫、富樫功もテネシーで課長として机を並べている。

BFSの株式は、100％ブリヂストンが所有しているから、株主対策、株価対策などが全く不必要だったので、広報活動はほとんどゼロ、製品の宣伝活動だけやっていれば事が足りたが、この体制がギャップとなって諸事万端が後手後手に回る結果をもたらした。

9月3日、アメリカへ飛んだ金井は、直ちに経営会議をスタートさせ、かつてワシントンにあった駐在員事務所を復活させ、広報、ロビー活動を通じて情報収集のための措置を矢継ぎ早に決断、事態を収束させた。

もし彼が現地に飛んでいなかったらNHTSAが、10月5日、新たに350万本のリコールを要求した時〝不必要〟として拒否することは出来なかったろう。

多分、金井は、この時、既にスー・ベイリー女史の人事について情報を得ていたのかもしれない。

何れにしてもフォード社との取引停止、労使間にトラブルの多かったディケーター工場の閉鎖等の決断は、リコール問題を収束させる有効な〝手段〟となったことは間違いない。

カルチャーギャップ

弁護士

◎…アメリカの弁護士の数は、日本の2万1千180名（05年1月28日現在）に対して60倍の128万7千名。

従って法律事務所の内容も売上げもケタが違う。

例えば、日本で最も弁護士を多く抱えている法律事務所は、「長島・大野・常松法律事務所」で144名の陣容。

これに対してアメリカの場合は「ベーカー&マッケンジー法律事務所」で人数は2千732名で売上げは何と、1千110億円。

法律事務所というより、「シンクタンク」戦略集団の企業と思った方がいい。

エクスプローラ

◎…01年10月、幕張メッセで開催された第35回東京モーターショーに出かけた。

目的はただ一つ、エクスプローラを自分の目で確かめるためである。

会場に展示されているクルマに乗ってハンドルを握ってみた。

係員がスッ飛んで来てアレコレ説明する。

Qはただ一つ。

『一昨年、展示した時と、今年で変った処は何処ですか？』

『クルマの両サイドにエアー・バッグを取り付けられました。』

いかに転び易いクルマか…それを実証する説明だった。

多分、クルマの両サイドにエアー・バックを装備しているのは、特殊車以外、皆無だろう。

カルチャー

◎…カルチャーギャップは、国、民族によって様々。

その例を示す端的なものとして「タイタニック号」が沈没した時の指揮官のセリフという小話が有名だ。

指揮官は人種によって海に飛び込ませるセリフを変えた。

アメリカ人に対しては

『君は我々のヒーローだ。』
イギリス人に対しては
『君はゼントルマンだ。』
ドイツ人に対しては
『これはルールだ。』
フランス人に対して
『ドイツ人は飛び込んだぞ。』
そして最後に、日本人には何と言ったか。
『皆んな飛び込んでるョ。』
さて御感想は？

横浜ゴム、その苦難の時期を辿る

戦後、石橋正二郎と柴本重理の時代を「ブリヂストンの栄光」の時代とすれば、ライバル企業であった横浜ゴムにとってこの時期は、「屈辱」と「苦難」の時代になる。今回は、かつてのトップメーカーが、ブリヂストンに追い抜かれた背景をふり返ってみる。

◇

横浜ゴムを悪くしたのは誰か?、その答えは言うまでもなく〝経営者〟社長になるが、同社の場合は特別に〝労働組合〟もつけ加えておく必要がある。

歴代社長のうち最も会社を窮地に追い込む結果をもたらしたのは、一期だけで社長から政界に転出し、通産大臣になった稲垣平太郎か尾山和勇になるだろう。

尾山が社長に着任した昭和30年、同社の売り上げは89億だったのに対して、ブリヂストンは120億を計上していたから、トップの座は既に奪われていたことになるが、当時は、まだ、横浜ゴムがトップの座にあることを信じて疑う者は一人もいなかった。

従って昭和36年以前に、横浜ゴムに入社した社員は、ほとんどがタイヤのトップ・メーカーと信じて入社している。

ブリヂストンが36年5月、株式を公開した時、横浜ゴムの切れ者、吉武廣次は業務部長だったが、黄表紙のBSの決算報告書を見て顔色を変えた。

〝これはウソだ!!〟、当時の業務部は、販売促進、宣伝もあったが企画も中枢に抱え、同社の頭脳集団だった。そのヘッドが、その数字に驚いて、そう叫んだのだから横浜ゴムが余程、だらしなかったか、ブリヂストンが余程うまく立ち回っていたか、そのどちらかであろう。

天皇とも呼ばれた尾山の行動は筆頭株主となっていた米グッドリッチ社にも届く。ついに赤字をくり返す経営陣にしびれを切らして、GR社はアメリカの手法で労働組合の森下委員長に意見を求めたのである。

この時、森下は尾山和勇を厳しく批判して、GR社は森下の意見を受け入れた。駄目な社長が更迭されたことはそれで良かったのだが、トップ人事に関与した労働組合は、良くも悪くも会社の経営に口出す機会を招き、同社の経営に悪い影響をもたらしたのは言う迄もない。

森下は後に埼玉販売の社長となって企業の再建に大いに働き、貢献するが、労働組合の後継者が一人歩き、会社をダメにしていく。

日産じゃないが川又と塩路の関係が出来つつあった。

尾山の後遺症は次の中根将軍まで影響を受けたが、中興の祖と呼ばれた島崎敬夫の名参謀として勤め、第8代社長にも就任した吉武は、同社の積年のガンとなっていた労働組合に激しく立ち向う。

その頃の労働組合は、主力の平塚工場が穏健派の社会党から共産党系に主導権が移り、そして三島工場は、共産党系よりも更に急進的な社会党左派が勢力を伸ばしはじめていた。

ここで断固、吉武は左派陣営にクサビを打ち込んだが、労働組合も激しく抵抗して、赤旗が連日連夜、本社、工場はもとより菊名にある吉武の自宅まで押し寄せ、シュプレヒコールを続け、最後は、何と自宅内に投石がはじまったのである。

この時、取締役人事部長だった鈴木久章が、投石された〝石〟をかき集めて、この石を証拠品として、提訴する手続きを顧問弁護士に命じる。

この報を知るや、共産党の主任弁護士はこの〝石〟を見て激怒、横浜ゴムからの撤退を党に要請したのである。

尾山和勇が社長に就任してから吉武、玉木時代までの組合がくり返した春闘、一時金獲得をめぐってのストの延べ時間は、筆舌できないが、単純に計算しても〝半年〟、もしかしたら一年近くの間、全工場がゼネストを打ったくらいの質量に匹敵すると思われる、恐ろしい出来事だ。

この間、ゴム労連に加盟していなかったブリヂストンは、ストを一回も無しで通過したのだから、このプラスとマイナスは比べようもない企業格差に連がった。

特に吉武は、技術陣が52年にスチールコードとゴムの接着剤「レゾルシン」の選択ミスから欠陥問題を起し、不遇の晩年を過すが、労働組合との対決、欠陥品との対応で多分、神経はズタズタだったと思う。

吉武は福岡県立八女中から五高、京大へと進んだが、八女中の先輩ということで、私の結婚披露宴では、主賓としてスピーチを頂いた関係で、タイヤ新報社（現RK通信社）の発起人として柴本重理と共に名前を頂いている。

主賓のスピーチの御礼に、家内と吉武家に伺った事があるが、吉武家は東横線の菊名の高台の中腹に位置し、上からも下からも投石し易い場所にあったのは不幸だったが、その〝石〟が横浜ゴムを救う。

その吉武が社長として最後の時、厄介なことに、その不具合タイヤを装着していた有力代議士のクルマが事故に見舞われ、担当者がその対応を誤る。

その政治家は、この問題をリコール問題として国会で糾弾すると大変な剣幕となった。

この報が秘かに運輸省幹部から通産省幹部に伝わり、通産からは事前に対応すべきとの〝報〟が横浜ゴムにもたらされた。

役員会は揺れた。この交渉役には、その有力代議士と面識のあった鈴木久章に白羽の矢がたった。

鈴木は、この大役を直ちに受けたが、この対応には、相手の立場も考えて常務以上の人が同行すべき、と意見を述べる。

さー大変だ。

全役員が逃げ腰になったが、この時〝私が同行しましょう。〟と火中の栗を拾ったのは、玉木泰男だった。

玉木泰男は、第一勧銀から横浜ゴムの目付役として出向、企画室を担当した重役で、失敗の許されぬ、代議士との〝折衝〟を成功させる。

この玉木が吉武の後任の社長に就任したが、彼には第一勧銀から、次の社長は「勧銀から出す」という重い宿題を与えられていた。

彼は、横浜ゴムの社員からは、銀行から派遣された外様と認識されていたが、彼自身は、社内の誰よりも横浜ゴムの血が濃い、という自負があった。だから回りからは、なぜ彼が難しい役を引受けたのか解らないようだったが、玉木自身にとっては当り前の決断かもしれない。

そして、彼は第一勧銀の指名したトップ人事に〝それなら私が支店長（神戸）時代の部下の○○君を寄こして頂く、他の人物なら一切、無用、横浜ゴムの生え抜きを登用する。〟と切り返したのである。

玉木が要求した「○○」は、将来の頭取候補で、その人物を第一勧銀が出せない

横浜ゴムの歴代社長

1946年	稲垣　平太郎
1948年（昭23）	天本　淑朗
1955年（昭30）	尾山　和勇
1963年	中根　孝
1965年（昭40）	島崎　敬夫
1973年（昭48）	吉武　廣次
1977年（昭52）	玉木　泰男
1981年（昭56）	鈴木　久章
1987年（昭62）	本山　一雄
1993年（平５）	萩原　晴二
1999年（平11）	冨永　靖雄
2004年	南雲　忠信

事を百も承知で切り返したのだ。

この頃、玉木は私に〝鈴木という人物を良く見ておいて下さい〟とポツリと言ったことがある。

いまにして思えば、有力代議士との折衝で、玉木は武人としての鈴木の力倆を見抜いて、彼を後継者に決めていたのだろう。

鈴木は、社長就任後は、石引晃委員長を重用、彼と連携して、企業を駄目にすることが労働運動と錯覚している連中を追放、社内は赤字体質から黒字体質へと脱皮させていく。

吉武と柴本

吉武と柴本は仲が良かった。その訳は、年令が近かったのと石橋正二郎が同郷の好しみで吉武をブリヂストンに誘ったことがあったから…かもしれない。

といっても、これは吉武が役員になってからの話なので、多分、正二郎は冗談とも本気ともいえない感じで話をしたと思う。

この話を柴本も知っていたから余計、二人は仲が良かった。

この話のついでをいえば、柴本の中学校は神奈川県立第2中学校である。従って、地縁、血縁でいくと、柴本が横浜ゴムに入って、吉武がブリヂストンに入ってる方が自然だナ、と御両人が談笑したのを聞いたことがある。

横浜ゴムが欠陥問題を起した時、柴本は、吉武に一席を設けた。場所は、勿論、新橋の「米村」で何故か私も同席した。

柴本は新橋で〝8時半の人〟と呼ばれている。8時半になると、決って仲居が〝お伴が参りました。〟とクルマの到着を告げる。

すると柴本は決って、じゃ私は失礼するけど君達はゆっくりやっていってください、と言い残すのだ。

何も知らない頃は、多分、柴本さんは、もう一つの大切な席に顔を出すのだろう、と勝手に想像していたが、後に、彼が病身の夫人をいたわっての事と知る。

けれど吉武さんと飲んだ時、柴本は珍らしく12時過ぎまでゆっくりして、吉武に〝君のとこのタイヤがおかしい、早く調べろ〟と何度もくり返したが、吉武は吉武で〝うちの会社の製品に限ってそんなことはありません。〟とキッパリと応じていた。

結果は、柴本が心配、指摘した通りの事態が起るのだが、柴本は社内に号令をかけて横浜ゴムを援護する。

この夜、難しい話もあったが、両氏は夜更けまで楽しそうに酒を飲んでいたのが、つい先頃のようにも思える。

空港ベンチの昼飯

JAL

◎…昭和31年か32年の頃のこと…。

JALの羽田〜福岡間が就航して間もない頃である。

尾山和勇社長一行が福岡空港へ到着した時のこと…。

当時の尾山社長一行は、さしずめ大名行列で、迎え入れる側の接待役は大変だった。

窪田芳彦、当時の福岡支店長は、大切な一行を出迎えるため定刻より早く空港へ着いた。

そしてフト、空港内のベンチを見ると、何と石橋正二郎夫妻がベンチでニギリ飯の弁当を食べていた。

この時、窪田は、横浜ゴムがブリヂストンに追い抜かれる…と直感したそうだ。

窪田さんの自宅は、世田谷区喜多見で拙宅とは徒歩10分の距離。

小田急線がストの時は何時も窪田家でお茶を一杯、馳走になって車に同乗、横浜ゴムの近所のコーヒー店で御講話を頂いたものだ。

福岡空港での出来事は、その御講話の中の一節…。

国立と私立

◎…横浜ゴムの第3代社長は稲垣平太郎、昭和24年、慶応義塾の三田会を母体に参議院議員に立候補して当選直ちに通産大臣に就任する。

それから横浜ゴムは慶応の全盛時代を迎え天本、尾山、島崎と慶応が続いて、吉武の慶応嫌いは有名。

尾山に徹底的に嫌われたせいもあるかもしれないが、国立系に強く執着した。

吉武からその反動を最も厳しく受けたのが慶応卒の冨永靖雄社長、叱られ怒鳴られながらも、冨永は堂々と日東タイヤの合併に反対し、尾道工場の建設に反対する。これは正論。

従って吉武時代は冷飯の連続、たまりかねて企画室時代には、鈴木人事部長に企画室からの転出を願い出る。

鈴木は、これを一旦は断るが、彼の能力を見ぬいていたから三島工場へ出す。

冨永は、この三島工場時代の苦労と勉強が実って、社長としての采配が際立った。

劇的コンチとの提携
冨永を支えた重臣・鈴木久雄

横浜ゴムにとって、組合問題の次の難関は、世界戦略のパートナーに、欧米の、どの「企業」を選ぶか、その「選択」にあった。今回は、その周辺と同社の慢性的ともいえる「負の遺産」を追う。

◇

「労働組合問題」を解決した鈴木久章にとって、次の課題は、世界戦略のパートナーを誰にするか、その一点に絞られた。

世界には、グローバル・アライアンスを仕掛ける大企業が二社あるが、そのうちの一つは横浜ゴムが契約した「マッキンゼー社」である。

マッキンゼーは、企業の提携、M&Aに関する戦略立案、実交渉の支援とアドバイスまで何でもこなす。

マッキンゼーは、世界の有力企業とネットワークを組んでいるから、タイヤ関係の有力企業代表を次々と鈴木久章に紹介した。その中に世界のメジャー、ミシュラン、グッドイヤー、コンチネンタルが含まれていたのはいうまでもない。

マッキンゼーの日本支社代表だった大前研一は、有力企業とのトップ会談を次々と実現させていくが、この中に、ミシュラン社のフランソワ・ミシュラン、コンチネンタルの主導権を握っているドイツ銀行総裁、ヘル・ハウゼンとその重臣、ウェルナー（ベンツ社長へ転出）などを選んだ。

フランソワ・ミシュランとの会談は、人目やマスコミを避けるためにアンカレッジ等で、密かに行われた。

83年当時の交渉でミシュラン社が提示した株式は17％だったが、横浜ゴムは、「筆頭株主の座は与えられない」と交渉は物別れに終るが、この交渉は「決裂」という形でなく「再交渉」、何時でも双方からテーブルに着くことが出来るという大人の形がとられた。

この形は、鈴木久章→本山一雄→萩原晴二→冨永靖雄へと受け継がれていく。

鈴木はミシュラン社とのアライアンスに割り合い乗り気だったが、西池英顕（副社長）が強く反対した。

鈴木は西池の反対を押し切ってまで「ミシュラン」との提携にこだわらなかったから、結論を急がなかった。

本山一雄は、アメリカの中堅企業「モホーク社」を買収することで、世界戦略に

「ケリ」をつけたかったが、その後の自動車メーカーのグローバル化路線、部品の世界共用化路線によって、何うしても世界の「ベスト10」の中から一社を選ぶ必要に迫られていく。

最後のランナーとしてバトンを受けとった冨永靖雄は、最後まで両社のうちどちらを選ぶか苦悩した。

エドワード・ミシュランとは、萩原社長時代に専務として同席しているし、コンチのステファン・ケッセル（CEO）とは何度も会ったが、最終的には、ケッセルの相手の立場を配慮する姿勢に感じるものがあったことが、コンチネンタルを選ぶ「決断」に連がる。

冨永は、萩原社長からの最後の手紙に、もしミシュランという文字が記されていたら…ミシュランを選んでいたかもしれない、と述懐している。

彼は、萩原社長が秘かにミシュラン社の方に気持が傾いていたことを知っていたからであろう。

決め手になった他の理由として、併行して進められていたミシュラン社と東洋ゴムの交渉で、最終的にはミシュラン社が東洋ゴムに対して「マジョリティ」を要求、片山松造社長がその要求に強く反発した、という報が伝わって、何れ、横浜ゴムにも、近い将来、ミシュラン社が同じ要求を提案してくるのではないか…という予感が走ったのかもしれない。

冨永の予感は多分、当っているだろう。現在の横浜ゴムとコンチネンタル社とのアライアンスは、相互委譲の精神が貫かれ、順調にオフテイクが進行している。

冨永と鈴木久雄

冨永は99年から、アクション21を掲げて業績の回復を目指すが、如何んせん、負の遺産を抱えているため、実質的スタートは2年遅れる。

しかし三島工場で苦労した「工場」サイドからの経営感覚が身についていたのが力になる。

必要以上の過剰設備投資を極力押え、必要最少限の投資額で、高級品化へのシフトを試みるが、これを支えたのが副社長の鈴木久雄だ。

冨永のO型に対して鈴木はB型。一切の妥協を排除して、徹底して方針を貫く。

彼が担当したタイヤ管掌は、書けば一行だが、工場、販売会社、物流、商品企画、販売促進、何から何まで入り、さらに海外工場も加わる。

特に苦労したのは、冨永以来、手を焼いたバージニア州のセイラム工場だ。設備投資はかかるが、売上げは伸びない。単月で黒字が出ても、二カ月と続かない。鈴木は、担当すると、日産2万本を日産1万5千万に下げ、36ドル以下の安値品のプライベイト・ブランドを一掃、YOKOHAMAの高級ブランドにシフトして昨年、遂に通期で黒字に転換させた。

この手法は、国内での製造販売をそのまま海外に展開させたものだが、同社の積年のガン、有利子負債（別項）を700億も軽減させることに連がる。

彼は、担当のスパンが余りに広いから、会議はどの会議も30分刻み、従って発言はポイントだけ、そして発言しない社員は会議への出席を認めなかった。

工場長なり販売会社の社長が、報告書を持って本社に来る。彼はパラパラと見て、ひと言、〝俺のやれる事は何だ。〟とやってレポートを突き返す。

地方から一カ月近くかけて作成したレポートへの評価がこうでは大概、頭に来るとしたものだろう。

けれど鈴木は、構わず、分けへだてなくこれを実行した。この報は全国に伝わって、レポートは本社に支援してほしい項目だけが並ぶ、簡明なものになっていく。

横浜ゴムには、昔から冠婚葬祭をさせれば〝うまい〟が、商売をさせたら〝下手〟という風土があった。
この形式主義的な風土を徹底して排除、べらんめー調で本音の話しかさせない、その風土をはぐくんだ重臣、鈴木久雄の功績は大きい。

横浜ゴム有利子負債の推移
(連結ベース、93年～03年度)
単位：百万円

1993年	230,997
1994 〃	201,555
1994年度	201,131
1995 〃	203,120
1996 〃	188,428
1997 〃	209,132
1998 〃	215,245
1999 〃	198,930
2000 〃	191,287
2001 〃	179,097
2002 〃	167,831
2003 〃	159,700

サウナと早朝出勤

早朝出勤

◎…02年の春頃、新聞の締め切りが終って一同で焼き鳥屋へ。

3軒目ぐらいになると残っているのは何時も二人。RKとTS。

最後の六本木のおでん屋を出る頃は、東の空も明るくなって…

二人で相談。いま頃帰っても直ぐ出て来ることになるから…サウナに行って…アルコールを発散してから会社へ、と一決した。

六本木にサウナは全日空ホテルしかない事が解って…

ホテルに6時頃着くと、サウナはまだオープンしていない。

暫くお待ち下さい、といわれ、ホール一階のソファでウトウトしてると。

誰かが肩をポンポンとたたく人が…。

誰れかナ、と思ってフト顔を上げたら、そこに立っていたのは、何と横浜ゴムの冨永靖雄社長。

ニコニコしながら…

『何やってるの？』

『カクカクシカジカでして…』

真面目な人と不真面目な人の差は大きい。

それにつけても、その時、冨永社長の機嫌が余りに良かった。

ひょっとすると、この日の前日辺り、コンチとのアライアンスが決まったか?!

斎藤、西藤そして浅井
世界をゆるがした3人の侍

タイヤ事業の世界再編成に〝火〟をつけたのは誰か？それは多分、住友ゴムの斎藤晋一であろう。その斎藤の官房長官は、現会長の西藤直人、そして秘書官は、現社長の浅井光昭が担当していた。このトリオが世界をゆり動かす。

◇

82年（昭和57年）11月、英ダンロップのロード社長が来日して、突然、英、独、仏、アイルランドの計7工場を一括して売却したい、という提案がもたらされて、住友ゴムに激震が走った。

この提案は、もし住友ゴムが買収に応じないのなら、ミシュラン、グッドイヤーなど他のライバル企業とでも交渉に入る、という「オール・オア・ナッシング」の切羽詰まった提案でもあった。

その交渉の席で、最初に発した斎藤晋一の言葉は予想外のものだった。『チャンスだ、苦労があるかもしれないが、やるべきだ。』と積極論を打出し、その意見が大勢となって、この提案は、一年がかりで段階的にすすめられることとなったが、このアライアンスの決め手になったのは、やはり英ダンロップの提案を断れば、欧米で流通しているダンロップブランドが他のライバル企業にゆだねられ、ひいては、国内ダンロップブランドへの影響も予断が許されない事態をまねく、つまり後退は出来ぬ点にあった。

こうして、住友ゴムと英ダンロップの買収劇は300億という巨額な資金を投入して断行される事になった。これが引き金となって、ブリヂストンのファイアストン買収へ連鎖反応が起こり、さらにミシュランのゼネラル、グッドリッチの買収へと飛び火、あっという間に世界のベスト10にランクされている企業のうち半数近くの企業が姿を消すことになった。

斎藤晋一は一橋大学を出ると住友合資会社に昭和11年に入社、19年に住友電工に移って一貫して営業畑を歩くが、自他共にライバルと目されていた後輩の亀井に抜かれる。

昭和47年、亀井は社長に、斎藤は副社長に就任するが、この時点で斎藤は住友ゴムへの転出が決まっていたかもしれない。

電工の本流は、人事、総務系で営業は亜流。けれど斎藤は、企業にとって営業の何たるかを身に沁みて知っていただけに、47年のトップ人事に無念の思いがあったに違いない。

それが引き金になったかどうかは別として、斎藤には『俺がやったら会社はこうなる。』その強い思いが、英ダンロップ買収に連がった、と思えてならない。

英ダンロップの買収は、英と独、そしてフランス、最後にアメリカの順となるが、その全交渉を斎藤が命をかけてやり遂げる過程で、常に官房長官として随行したのが現会長の西藤直人である。

信じる人は、少ないと思うが、斎藤は健康診断を一度も受けたことがない。朝食は目刺しに納豆、味噌汁、悪いものは食べてないし、ゴルフは4日連投でも平気、30台を度々マークする。従って、健康診断なんて…という自信があった。

けれどダンロップ買収で海外出張が度び重なって体調の不調を訴え、最初の診断で、既に胃ガンが手遅れであることが解ったが、それでも斎藤は最後のアメリカダンロップの交渉で現地に飛ぶ。

成田に着いた時、斎藤の身体は黄胆で真黄色、一人でタラップを降りられない状態だったと聞いている。

まさに壮烈なる戦死といっていいだろう。

この斎藤の激しい行動の一部始終を官房長官として身近に観たのが西藤直人と浅

井光昭の二人だ。

　だから西藤には、買収した全ダンロップ工場の一つ一つに感慨があった筈だし、その全工場を手放すことになる米グッドイヤー社とのアライアンスは、住友ゴム内で彼が一番、つらかったと思われるが、英断した。

　このアライアンスの少し前だと思うが、西藤社長と一杯飲んだ事がある。

　その時、妙に印象に残ったのはアメリカダンロップの業績に関する部分だった。ダンロップのバッファロー（ニューヨーク州）とハンツビル（アラバマ州）の工場は数日かけて見学していたから、両工場内の社員食堂のメニューも工場へ至る附近の景色も頭に残っているだけに、その話は興味深かった。

　内容は、アメリカダンロップのような小規模な会社がやっていけるのは、グッドイヤーのようなメジャーと比べて僅かでも賃金の格差があって、それだけが、やっていける隙間なんです、という部分だった。

　グッドイヤーとのアライアンスは、たぶん、この隙間が労働争議でフッ飛んでしまって、これ以上、住友ゴムだけの力でダンロップを引っぱっていくのは難しい、という厳しい判断がグッドイヤーとの全面アライアンスに連がったのではないか。

　その運用と展開が浅井光昭社長にバトンタッチされたのだが、アライアンスをめぐる両者のカケ引きには、間違ったらグッドイヤーに飲み込まれる懸念があっての交渉だけに、両者で生産したブランドについては、それぞれの地域を担当する会社が全面的に権益を握るという「対等契約」になるまで、大変な紆余曲折があった。

ここで電工から住友ゴムへの歴代社長の役割に触れる。電工からの初代社長、井上文左衛門は、外資系企業特有の覇気のない、英語だけが得意な社員が幅を利かす会社から、民族独自の企業へ脱皮する意識改革、下川常雄はその展開、横瀬恭平は、ミネソタ・スリーエムで鍛えた海外現地工場の運営を英、独、仏で展開、桂田鎮男は、対立が激化していたブリヂストンとの関係修復、横井雍は、阪神淡路大震で被災を蒙った時、一致団結するには、電工からの社長でなく生え抜きの社長のもとで、と西藤直人を後任に抜てきするなど、それぞれの社長に功績はあったが、やはり国際化の真只中でのアライアンスで斎藤、西藤、そして浅井の采配は傑出している。

住友ゴムの歴代社長

‘63～	井上　文左衛門
‘69～	下川常雄
‘74～	斎藤晋一
‘80～	横瀬恭平
‘84～	桂田鎮男
‘90～	横井雍
‘95～	西藤直人
‘99～	浅井光昭

有利子負債の額

住友グループ

◎…82年11月、住友ゴムが英ダンロップを買収した費用は300億円だったが、当時の住友ゴムの有利子負債は874億円。

これが、たった5年で約倍の1千506億円に急膨張する。

直ちに買収した金額の約2倍くらい、資金が必要になった計算。内部蓄積の少ない会社だっただけに、その負担は長く、重くのしかかった。

したがって住友グループ、なかんずく住友電工がこのプロジェクトに係る心配は、容易でなかったろう。

その事を知り抜いている斎藤は、何をしたか？

それは、交渉のプロセスにおいて何んな些細なことも含めてキチンと進捗状況を徹底して逐一、報告させた。

つまり、交渉の最後の方になると住友グループの主だった面々は、ほとんど交渉の当事者と思い込ませるほどの〝配慮〟をしたからに他ならない。

何れにしても現在の住友ゴムの高収益体質は、この布石がGYとのアライアンスに連がったからといえる。

アライアンスに深くかかわった三人の侍は歴史を刻む。

株価が示す住友の元気

ブリヂストンの栄光の時代、〝一強三弱二死に体〟という表現が流布された。一つの業種が揃って好況に湧くことはあるが、それは一過性で、基本的には相対性原理。元気のいい会社が出ると、かつて元気だった会社は衰退する。今回は元気のいい住友ゴムの第二弾。

◇

99年（平成11年）3月、西藤直人は、米グッドイヤー社とのアライアンスを決めて、その展開を浅井光昭に託した。

東大陸上競技部の部長として、浅井は最も苦しい400メートルを選ぶ。高校時代は200メートルハードルを得意としていたが、敢えて、きつい400メートルを選んだところに彼の「本領」がある。

入社した時、人事労務に配属され、白河工場建設では用地の買収から建設完了まで、現地に泊り込みを命じられ、英ダンロップ買収後は、直ちに指揮官としてパリに駐在、このように彼は常に住友ゴムの節目、節目で第一線に身を置いている。

従って、彼には会社のあらゆるセクションにパイプと飲み仲間がいる。工場に出張すると、仲間はその晩、飲めることを承知しているから「ツマミ」には事欠かない。ツマミは云うまでもなく社内のありとあらゆる問題点やら文句やらが、若い頃と同じように噴出する。

だから、彼は会議で情報を得る必要はほとんどない。

ブリヂストンの柴本ではないが、社内の誰よりも情報も問題点も知り抜いている。現在でも、彼が本社に居るのは週に一日、多くても二日だ。海外出張が九割方減って、この状況だから、彼が如何に国内を回っているか解るだろう。もしかしたら柴本を越すかもしれない。

さて、彼が西藤からバトンを受けとった時、彼は直ちに、「負の遺産」と真正面から取り組む。400メートルの「選択」と共通する。

負の遺産は、①フランスのベッド事業、②ゴルフのさくらんぼccと、播備高原開発、③スポーツのウェア事業、④慢性赤字の産業品事業部、などが主な問題になるが、それを異例のスピードで次々に処理、結着をつける。

社長就任の時、彼は「明るく、元気に」をモットーに企業内に50のプロジェクトチームをスタートさせた。

各事業所に置かれた各チームはそれぞれのテーマに20％アップの目標を掲げ、中間報告、最終報告を行うのだが、チームが焼酎の上に構築されているから、中身が濃い。社内を明るくさせ、元気にさせるのは「方針」を出すことより、「現地に飛んで第一線と焼酎」を飲む方が大切かもしれない。だから本社に居られる時間は削るしかない。

GYと提携

中期計画の目標達成に、グッドイヤーとのアライアンスは不可欠だが、その内容に少し触れる。

グッドイヤーは、ブリヂストンに代る国内メーカーを物色して、住友ゴムのドアをノックし、住友ゴムとGY社のアライアンスが実現する。

この間の攻防は、相当に激しかった。

住友ゴムは、米国の労働組合問題から欧米事業における挫折感が社内を暗く覆っていたから、下手な折衝をするとグッドイヤーに飲みこまれるという危機感もあって、アライアンスをめぐる両社の交渉は最初、アクロンで行われたが、条件をめ

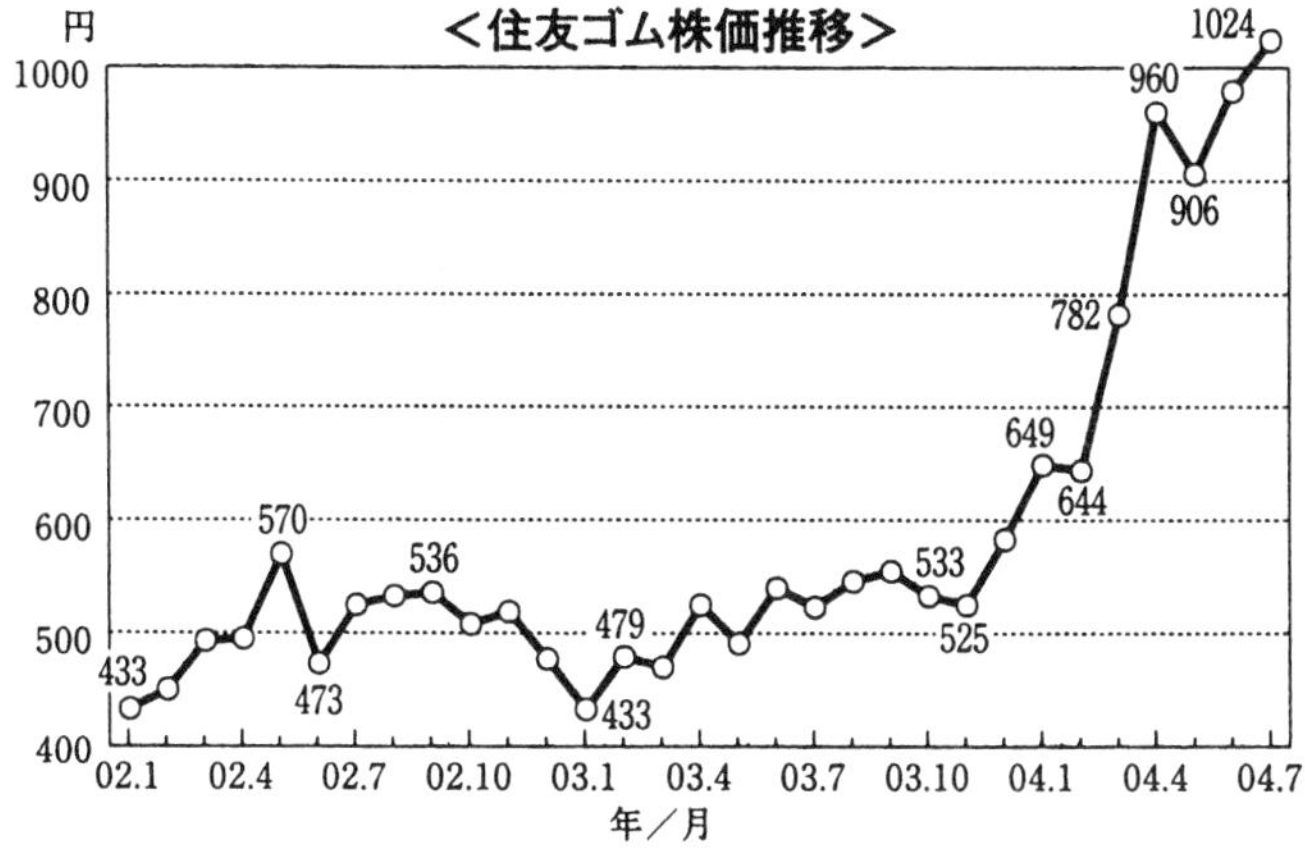

ぐって対立、住友側は席をたって帰国する。

けれど、ＧＹ側にも、ブリヂストンとミシュランに対抗するには、何うしても住友とのアライアンスを締結する必要があった。

ＧＹの交渉団は、帰国した住友交渉団を神戸まで追っかけて、成立にこぎつけた。

結果は、米グッドイヤーが住友ゴムの株式を10%取得、その額に見合うＧＹの株式（１.４%）を住友が130億円で取得する事で決った。

当時のＧＹの株価は52ドル、最も下げた一昨年にはわずか7ドルまで下がったから、ＧＹ株の評価損で住友ゴムは130億円の被害を蒙ったことになるが、住友は、それに倍するアライアンス効果をあげる。

その効果は、住友ゴムの株価の推移（グラフ）を見れば一目瞭然になるが、意外と知られていないのは、GYが設備面で優れていたことだろう。

例えば、成型機、住友では一直千本だった本数が50％近く向上、加硫機にしても「ブラダ」の材質を変える事で熱伝導率が10％向上、また加硫機の「フタ」を開くタイムを1分短縮したから、住友ゴムの日産本数を7万本とすれば、加硫で1日、7万分の時間が節約された計算になる。

そして、これらの効果が大きかったのは、大した設備投資を必要とせず、部分改良で生産性と生産量を上げたことだろう。

住友ゴムは、一人当り生産性で№1という自負があったが、現実に現場を比較して、GYは「緻密」住友は「大ざっぱ」ということも解った。

欧米の生産性の低さは「機械」と「人」にあるのではなくて「労働組合」にあると知るべきだろう。

GYのもう一つの大きな効果は「原材料共同購入」、これは即刻、戦力となった。GYとのアライアンス効果で生産面からみると99年を期して、住友ゴムの一人当り生産量がグーンと上りだす。

ブリヂストンと比較すると、この年、ブリヂストンは45・3トンに対して住友は、僅か32・4トン。これは、ブリヂストンの柴田勝吉副社長が「P150運動」を展開して、他社に大きく差をつけた結果だが、これが数年でブリヂストンの47・3トンに対して住友ゴムは50・3トンに逆転する。

03年は栃木工場の火災という突発事故もあったが、ブリヂストンの生産シェア「47・8％」に対して住友ゴムは「22・4％」に拡大している。

プロ野球は6球団、一強三弱二死に体だったタイヤリーグ戦も、いまや2チームが消滅して、混戦の様相を呈しているが、住友ゴムの勢いは、かつてのブリヂストンの栄光の時代を彷彿とさせる。

ちなみに、04年の国内のシェアを附記しておくと、上期1～6月のシェアは、①ブリヂストン＝42・7％、②住友ゴム＝26・2％、③横浜ゴム＝20・4％、④東洋ゴム＝10・1％、⑤ミシュラン＝0・6％、以上は本紙推定だが、このシェア推移をみるとブリヂストンのOBは、愕然とするだろう。

企業にとって大切なのは「方針」でなくて「人」を「活性化」させるしかない。

99年3月、浅井社長の時に掲げた05年の経営目標は次の四項目。
①連結売上＝5千億円以上
②経常及び営業利益率＝8％台
③株主資本比率＝30％

④有利子負債＝2千200億台。
このうち、ほとんどの目標値が総て達成されつつある。

ビールの立ち飲み

秋田屋

◎…山手線の浜松町の駅の近くに「秋田屋」という有名な焼鳥屋がある。

戦後、間もない頃に出来た店で、元は沖仲仕だけが入る恐い店。

最近はサラリーマンが中心。時には女性も。

おいしくて安いのが売り物だが、いかんせん店が古い縄ノレン。

店は何時も大混雑で6時頃は座れない。その時はビールケースを二つ重ねて、その上にベニア板を乗せて即席テーブル。生ビールの立ち飲みだ。

この店の売り物にもう一つ「クサヤ」がある。

浅井社長が「クサヤ」が大好きと聞いて誘ったら…来た。

『うまいネ。』こんな下町の店にも平気で来る処が…400メートルか。

ＢＳを支えたリプレイス

ブリヂストンを語る時、リプレイス軍団の「栄枯盛衰」に触れないわけにはいかない。かってリプレス売上げの60～70％近くを占めていた「タイヤ専業店」、「タイヤショップ」の比率が減り続けて販売戦線は大きく変容した。「ヒト」を中心に「リプレイス」を振り返る。

◇

「リプレイス」をテーマに「光と影」を一回書いてみたい、と思った動機は次に紹介する石橋正二郎の直筆の方針書を見た時だ。

ここには「リプレイス」に対する一つの哲学がある。常日頃、正二郎は外国から必要な原材料を輸入するには外貨を稼ぐしかない。そして「リプレイス」こそ、その源泉であると説いている。

「売りか」「利益か」という永遠のテーマにも明快である。

かつて全国の支店長に発せられる販売会社社長の質問の総ては、この一点に尽きた。

もし、正二郎が万年筆で書いたこの方針書がもっと広く、そのまま伝わっていれば、このテーマの方針はもっと徹底していたかもしれない。

この方針書の中で興味深いのは、そのことの他に、販売会社の大切さと従業員の待遇改善に関することが簡明に書かれていることだろう。

次に掲げるのは石橋正二郎が万年筆で書いた直筆の販売と人事に関するものだ。

正二郎の販売政策

《販売会社管理（指導）方針》

各製品共競争力を強めセヤー（シェア）を高むるためには今後ますます販売会社に重点を置くべきである。

本社の管理方針としては現地の事情に適すように勘案し、収支面に重きを置くか、拡販に重きを置くか、それは本社で利益が上っておるから販売会社で利益を多く期待することは必ずしも必要とは思わない。

それよりも販売量を増やしセヤーを強固のものにすることが永遠の策と思う。この辺のこと考え方を統一することが必要である。

《販売会社人事が緊急の問題である》

販売は人手によるものであるから優秀な社員が手揃いすれば体質は上る。社員の質、量共に一層向上の必要あるかと思う。

人選、訓話に力をいれることは無論であるが、待遇、給与、手当、施設等先手を打って改善すべきところは改善し、明るい希望を持たせること最も急務と思う。

また派遣社員の身分保障など規定制度の合理化、明確化、は大切。

人事管理方針は本社の所轄とする。

（78年3月15日）

◇

かつてブリヂストンのリプレイス人事は、社内はもとより社外の外野席から見ても面白かった。

まず、本社の販売課長になると次は、支店長のポストが約束されるが、それが四国支店か広島支店か、それによって本社の評価の見当がついたからだ。

そして、四国支店長から次は、札幌か名古屋か、となるが、最後は東京支店長に登りつめた人が、栄光の「リプレイス担当常務」、企業の収益貢献度からすれば、社長の座にも匹敵するポストについた。このポストこそが全軍の士気に何れだけ影響をもたらしたか計り知れないものがある。

この仕組みを見事に完成させたのが、いうまでもなく重臣、柴本重理になる。従って、当時のリプレイス軍団は統制がとれ、常務の指示と命令には一糸の乱れもなかった。

ましてや、人事異動は、誰が栄転か左遷か、女子社員でさえ一目で理解できたが、最近は、人事発令された本人が栄転なのか左遷なのか、さっぱり解らぬくらいに

〈歴代リプレイス担当常務〉

1949年	柴本重理
1959年	黒岩登
1970年	竹島登
1974年	大久保良一
1976年	秀島行雄
1980年	竹重普
1983年	木下正之
1987年	安東弘視
1991年	三野昭男
1993年	高野新松
1997年	園田明
2001年	藤田康夫
2003年	宮川義一

なってしまった。

昨今は「人事」に対する配慮が、余りにも粗末に扱われているように思える。本社の方針は何時も「売り」とか「利益」に関するものが中心で肝心の「ヒト」の処遇に対するやり方がなおざり、といわれても致し方ないだろう。

一体、これは誰の時からそうなったのか、という問題になる。

勿論、かつてリプレス販売の60~70％を「タイヤ専業店」が占めていた頃は組織の運営も人事も楽だったかもしれない。

現在の「タイヤ専業店」の販売シェアは消費財で22~23％、生産財50~55％となって様相は変わったが、やはりここには「数字」「前年比」「本数」に対する方針や指示にばかり片寄って、大切な「ヒト」に対する方針や指示が、なおざりになっている点は指摘しなければならない。

歴代リプレイス担当常務の名前をみていると感慨ひとしおの人が多いだろう。

特に、最前線の「専業店」からみた歴代担当常務には、それぞれの思い出があると思うが、90年代後半になると担当常務と「専業店」の線は、ほとんど繋がらなくなる。販社と本社の距離も遠くなった。

柴本健在の頃は、担当常務も強い柴本のバックがあるから働き易かったし、働きがいもあったが、最近はこの働きがいが限りなく薄れつつある。

これは何もブリヂストンに限ったことではないが、これまで、同業他社に比べて〝働きがい〟のあったリプレイスも他社と余り差がなくなった、というより住友には負けている。もしかしたら、住友以外の他社以下になったのではないか、と心配もしたくなる。

ショップサイドからの声を聴くと担当常務の名が出てくるのは、「柴本重理」と「黒岩登」は別格とすれば、「竹重普」「木下正之」が双璧、あとは「高野新松」で終わり、藤田康夫の病気は惜しまれる。彼等に共通するのは、単なる一セールスマンとして専業店店主と苦楽を共にした長くて深いかかわりがあった。

これから見ても解るようにリプレスでは、ひたすら、一セールスからチーフ、そして支店課長、本社課長、支店長という「仕組み」、励みのシステムが完成しているのが大切だ。支店が無ければそれに代るシステムを考えればいい。

人に対する本社の評価と、同業他社、そして「専業店」からの評価は、良ければ一致するとしたものだ。

04年に入ってリプレスは、途切れかかった「専業店」との関係修復に懸命に取り組んでいるが「販売会社」と「専業店」のかつての関係まで修復するのは容易ではないだろう。

販売政策

ブリヂストンのリプレイスの販売政策の中で触れる問題が二つある。

その一つは、メーカーがオープン価格に踏切ったこと。これは量販店のチラシ対策として実施させたが、この政策は「専業店」の立場を窮地に追い込む結果となった。

専業店にとって、店頭販売は大切であったが、それよりもＲＳ、ＳＳ、ＣＤ等に『卸す』商売の方が、整備料金も含めて大切な「生態系」、かなめだった。

オープン価格でこの販売体系が破壊されたのは、長い目で見てブリヂストンにとってマイナスだったろう。最近、希望小売価格が再び導入されたことは喜ばしい。

それはそれとして第二は、いうまでもなくメーカー直営の「コクピット」「タイヤ館」の展開にある。

海崎洋一郎は、販売投資に１千億円をかけたと豪語した。このセリフは上場企業で販売投資に１千億円をかけた企業はないだろう、という自負からである。

直営店1店当りの投資額が3億円として300店舗を展開すれば正に1千億の投資となるが、販売会社の社長の中に、数だけを追って、地元の「専業店」との摩擦を無視、見殺しにするケースも数多い。

ブリヂストンのシェアの低い地域に新店舗を展開するのは、量販店対策も含めて当然であるが、先ず、地元店にその意志を確かめて出店するのが商売のルール。それが基本原則のはずだが、最後の方は、販社間の出店競争になったのは問題だった。

直営店の展開には、「人事」と同様、細心の「注意」と「配慮」が大切に思える。

ビッグスリーの闘い
グラフ　BとMの明日を占う

日米欧、世界の三大メーカーの中で、米国の「グッドイヤー」、フランスの「ミシュラン」そして日本の「ブリヂストン」を交えたビッグスリーの闘いは、数多くのエピソードを交えながらM＆Aを繰り返したが、その軌跡は、左に掲げた「グラフ」が総てを説明する。

今回は、このグラフの意味と曲線の先がどう変化していくのか、それを占ってみる。

◇

モータリゼーションの火付け役といえば「フォード」と共に「グッドイヤー」を世界のNo.1に仕上げたリッチフィールドだった。

彼が「グッドイヤー」に入社した時、社員は、たったの17名に過ぎなかったのをピーク時には15万名のトップメーカーに仕上げたのだから、彼の力倆は説明するまでもないだろう。グッドイヤーは「企業は人なり」のアメリカ版ともいえる。

30年間トップを走り続けたそのグッドイヤーが順位を3位に下げ、昨年、キャッシュフロー不安説も流れて業績も悪化、同社は企業の栄枯盛衰を実証する形になった。

この事態をまねいたジバラ社長は、工場に通って技術開発、品質管理、生産性の向上に努めるべきだったが、彼が毎日通ったのは、工場ならぬ「ウォール街」で、自社株の動向だけを見守り続け、結果は株価を57ドルからわずか7ドル、10分の1近くに下げてしまった。

ジバラの後を継いだロバート・J・キーガンは、事態の収拾に努力、再建への足がかりを固め株価も戻しつつあるが、95年7月、労働組合がURW（全米ゴム労連）から上部機構のUSWA（全米鉄鋼労連）に加盟してから組合の発言権が強まり、米国のメーカーの収益はおしなべて厳しくなっている。

USWAとのかかわりはブリヂストン、ミシュランも共通だが、主力工場が全米にあるグッドイヤーにとって、このハンディは重い。

日米欧の企業格差、生産性で「労働力の質」の問題は、常に取り上げられ、あたかも日本の労働力の質、技術の高さだけが、日本の生産性の「優位性」として喧伝されているが、欧米の労働組合の生産性にもたらす影響力は極めて大きい。

そして労働組合の「制約」はアメリカより横断的職種組合の色彩が濃いヨーロッ

パの方が更に難しくしている。

特にフランスは、政府が失業対策として労働時間を週36時間に短縮したのも痛い。政府の方針は一人の働く時間を短くして、その分を失業中の人に分配する、という馬鹿な発想から生れたが、最近、政府は労働時間の短縮によってフランス企業の国際競争力が低下して、逆に失業率を増大させているという反省から、労働時間の延長、他国との平準化が検討されているが、何れにしてもミシュラン社の生産性の低さは、これからの頭痛のタネになるだろう。

グラフでみるビッグ3

売上高でグッドイヤーの3分の1しかなかったブリヂストンが85年から89年にかけて一挙に両社を抜き去った。

これは家入昭―木下正之体制の時であったが、これが実現できたのは、云うまでもなく石橋正二郎―柴本重理体制時代に営々として築きあげた内部留保と資金力があったからに他ならない。

そして№2の座にあったファイアストン社のテネシー工場の買収で、ブリヂスト

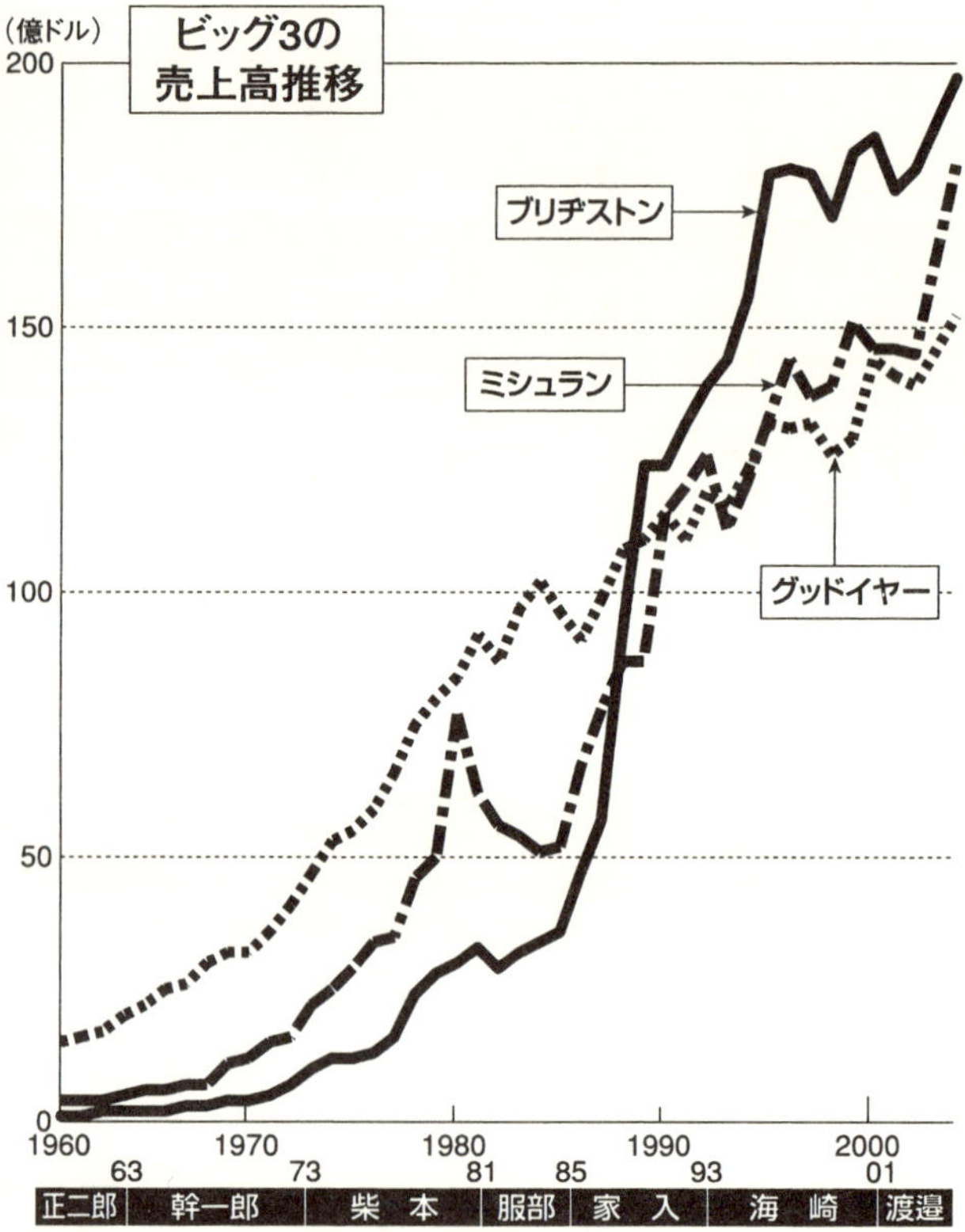

ンの「生産性」がファイアストン首脳を驚かせたのも大きな側面だろう。

日本のタイヤメーカーの生産性を100とした時、アメリカは80～90、ヨーロッパは70～80%というのが一般的な見方だが、ここで10年前と現在におけるビッグスリーの生産性(1人当たり売上高)を比較しておく。

これは文章でくどくど書くより左表にしたので見比べていただくが、ポイントだけを要約する。

①10年前、ブリヂストンはミシュランに対し、2倍以上の売上げを誇っていたが、03年では72％のレベル、グッドイヤーも88％のレベルに接近している。

②この10年間で欧米の両メーカーは飛躍的に生産性を上げてはいるのでかつてほどの差はない。

何れにしてもビッグスリーにとって国際競争力の「ガン」ともいえる「労働組合」の存在が、欧米メーカーと同様に、ブリヂストングループにも重くのしかかってきた、と捉えた方がいいかもしれない。

今後の曲線

01年からグラフがどんな曲線を描くか……

単純に考えれば、01年からの「角度」をそのまま延長するのも一つの方法になるだろう。

とすれば、ミシュランがブリヂストンを追い越す、という仮説が成り立つ。

ミシュランの売上高の急上昇は一体、何を意味するのだろう。考えられる理由としては、①新しい生産工法の確立と普及、②グッドイヤーの低迷に伴う相対的な地盤向上、③ブリヂストン／ファイアストンのリコール問題の影響、以上の三点が考えられるだろう。

しかし、ミシュランの日本国内の動きを見るとグラフの急上昇とは結びつかない。

同社は一昨年の1月、国内の3社合併を機に日本ミシュランの760億の資本金を80億9千万円に減資したが、減資幅はイコール赤字を意味するし、その赤字の代償となるべきマーケットシェアは、相変わらずジリ貧傾向が続いている。

シュアダウンは、噂された東洋ゴム、横浜ゴムとの合併に失敗したにも拘わらず、成功を見越して地方販売会社を縮小、撤退したことなどによるもので、一過性の問題として見ることも出来るが、日本側の管理職者の意見をほとんど聞き入れない、マーケット無視のやり方は理解に苦しむ。

1.6%のシェアで700億もの赤字が出ても平気な感覚で、果たして全世界のミシュラングループのグラフの上昇気流がこのまま続くとは思えない。

フランソワ・ミシュランとエドワード・ミシュランの差は、確実に2～3年で視

ビック3の1人当たり売上高

	2003年	1993年
ブリヂストン	1,980 万円	1,760 万円
ミシュラン	1,540	880
グッドイヤー	1,760	1,320

※グループ連結、1ドル＝110円で換算

界に入るだろう。

グッドイヤーは、キーガンに代わって動きが違ってきた。例えばジバラ時代、グッドイヤーは住友ゴムの国内工場にほとんど関心を示さなかったが、最近は動きが変わりつつある。

技術開発力

ビッグスリーの将来を左右する決め手は、やはり技術開発力になる。タイヤの製造技術で最も難しいのは、OR（建設車両用）タイヤとAP（航空機用）タイヤとレーシングタイヤの三種類になる。

レーシングタイヤは、F1に代表され、時速300㎞を越すスピードの世界は、最先端の技術を求められるが、これはマシン、路面状況、給油技術など編成チーム、混成チーム全体の「まとまり」でかならずしもタイヤの品質の優劣とは結びつかない。むしろ学術的「技術」からみるとORとAPタイヤの方が難しいし、優劣がつく。

この意味ではかつて500トン建設車両用タイヤを手がけていたブリヂストン、ミシュラン、グッドイヤーのビッグスリーからグッドイヤーが少しずつシェアを下げている点はグラフの延長線と大きなかかわりがある。

建設車両は一台で数億円するから、安全に休みなく、早く稼働することが求められるため使用条件はAP、レーシングよりはるかに過酷で厳しい。

しかもコマツ、キャタピラの開発する建設車両は400〜500トンクラスで、タイヤの直径は4メートルを越え、このサイズの提供会社はブリヂストンとミシュランの二社に絞られつつある。

ブリヂストンのORは苦難続きで、正面から取り組んだのは「OR、AP、MS販売本部」が設置された89年（初代部長、井上正明）で、当時は海外部の赤字（50億円）の半分はORの安値によるとされていたが、井上部隊は、①世界の販売網とリトレッド会社の再編、②エアバス、ボーイング社へのOE納入実現、③ギャランティと販売条件の改善、等で初年度で赤字をイーブンにする。副官としては二田水孝が、現役時代に大いに働く。彼はアメリカで海崎の下でも働き実績を上げるが、つまらない早期停年制で他社へ転出、惜しいことをした。

この改善、改革で井上は、ORの現地販売会社（北米）の設立を提案するが、海崎と激しく対立、結局、この案は却下される。この時の対立が海崎と井上に溝をつくり、彼はFVSに出されることになる。

ORのシェアは、95年にミシュランとグッドイヤーを僅差ながら抜いて37％でトップに立ち、現在は中、小型ラジアルの設備を中心に120億円の設備投資で07年には、現有設備を倍増させる計画だ。

ファイアストン・ブランドは、ラジアルを持っていないが、北米で強く両ブランドを合わせるとORで40％のシェアを越すだろう。

AP（航空機用）は地域別にBSのシェアをみていくと▽北米＝40％、▽中南米＝60％、▽オセアニア＝50％、▽西ヨーロッパ＝30％、▽アジア＝65％、▽日本＝55％

そして航空会社別では、▽サウジアラビア＝100％、▽アリタリア＝60％、▽SAS＝80％、▽BA＝30％、▽コンチネンタル＝80％、▽UA＝50％で全世界のシェアは30％になると推定されている。

APタイヤといえば、2000年7月、パリのシャルル・ドゴール空港でコンコルドが離陸時墜落したことがあるが、この事故は滑走路に落ちていた金属片をタイヤが踏みバースト、この破片が燃料タンクを直撃して機体が爆発した、とされている。

高速大型旅客機に装着されるAPタイヤは、離陸時、機体が燃料を満タンにしていることからタイヤにかかる荷重は560トンとみなされているなど使用条件は苛酷だ。

ブリヂストンは、こうした条件に備えて防弾チョッキの素材として使用されるアラミド繊維を採用して、こうした条件下でもバーストしないタイヤを開発、06年には実用化する見通しだ。

こうみてくるとブリヂストングループの曲線は、限りなく明るい見通しになるが、これは飽くまでも「アクシデント」が起こらなければという条件がつく。

現社長、渡邉恵夫の座右の銘は「人事を尽くして天命を待つ」で、努力にはいささかも揺るぎはないが、一旦、暗くなった社内を明るくするには二倍、三倍のエネルギーが必要だ。これからの道は決して平坦とは云えない。

トップ人事を追って

73年、石橋正二郎の最後の人事で驚かされるのは、人事で動いた3人のそれぞれの「年齢」。社長に就任した柴本は62歳、社長から会長になった幹一郎は働き盛りの53歳、そして、この人事を断行した時の正二郎は実に84歳だった。ここには世間の常識をはるかに超越するものがある。正二郎は「肉体年齢」を全く問題にしていない。

◇

社長に与えられた、最大で最後の仕事は後継者を誰にするのか、その一点に集約される。

ここでも正二郎は見事な「裁き」をみせた。

このトップ人事が断行されて間もなく幹一郎は、ゴム記者会の有志をブリヂストン本社の役員食堂に招いて夕食会を催した。

この時の話しは種々あったが、ニュアンスとしては、欧米では日本と違って企業を代表するのは社長ではなく会長であり、この意味でブリヂストンは、日系でなく欧米系の企業であるーということであったと思う。

これは幹一郎が説明するまでもなく、正二郎も同じ考えであったと思われる。

事実、正二郎がトップ人事を決めたのも、実力会長として独断でこの人事を決めているから、幹一郎にも行く行くは、その積りと覚悟で会長として指揮をとれ、ということであったろう。

けれど、日本の風土では、正二郎ほどの逸材はなかなか出なかったから、多くの人はそうした認識を持つことにはならなかった。

この辺に、幹一郎と柴本の間にかすかな隙間が生れたと思う。

それは兎も角として、幹一郎も柴本も次の後継者としては、正二郎の次女典子の婿「成毛収一」か三女多摩子の婿「石井公一郎」を思い描いていたと思われるが、幹一郎と公一郎とは諸事万端、意見が対立、幹一郎と最も仲の良かった妹・典子の夫、成毛収一はデミング賞の立ち上がりは協力一致していたが、運用と展開で立場は微妙に違った。関東に予定していたブリヂストン・カンツリー倶楽部の設立をめぐって環境問題から意見が対立、幹一郎は、ゴルフ場の開設には特に反対ではなかったが、環境問題の大切さを強く主張した。成毛にすれば、環境問題を持出すこと自体が建設に「反対」と判断したのだろう。彼は直ちにブリヂストンカンツリーの用地買収の中止を担当責任者の和泉洋三に命じ、両者間の溝は決定的になる。

柴本は次の後継者として成毛収一を決めていたと思うし、幹一郎を説得する自信は充分あったと思われるが、不幸にも成毛収一は、正二郎の亡くなる八ヶ月前に肝硬変で急逝してしまう。

マスコミは好んで資本と経営の分離をはやしたてているが、それは全く意味がない。同族であろうと無かろうと、要は「人」の力倆につきる。もし成毛収一が柴本重理の後を引き受けていたらブリヂストンはもっと光り輝いているだろう。

柴本は常々、ほとんどの重臣が正二郎を畏敬していたのに対して私は普段通りに付き合えたと述懐している。

事実、彼は正二郎の名前を聞くだけでみるみる表情がなごんでくるのだ。

これは単に「ウマが合う」ということではなく、どうも血液型が関係しているのではないか、としか思えない。

石橋正二郎は「A型」、国のためという信念に基づいて、ブリヂストンを一丸にして引っ張り、これを「O型」の柴本が「人の和」で包み込み「B型」の成毛収一が天才肌の経営感覚でA型とO型の不足分を補っていたのである。

幹一郎は父、正二郎のA型と、母「昌子」のB型の間でAB型を受け継ぐが、彼のDNAは父のA型より母「昌子」のB型の方が濃かった。

写真や音楽にみせる彼の芸術的センスは玄人の領域に迫るものがある。

幹一郎は普通の親子と違って、父に親しみ「敬愛」というよりは、「敬慕」していた、といった方が当たっているだろう。

だから「父のようにならなければ……」という思いが余りに強過ぎて、真面目で固く純粋すぎて、周りの重臣としっくりやって行けなかったかもしれない。

そうしたことが、ブリヂストンのトップ人事に微妙に影を落としていく。

成毛さえ元気であれば問題はなかったが、彼を失って、トップ人事は正二郎と柴本の考えていた路線から大きく離れ、服部邦雄、家入昭、海崎洋一郎へと決まっていくが、これは総て幹一郎が独りで決断した。

普通の会社であれば、役員会で企業貢献度の高かった人が推挙されることになるが、オーナー会社「ブリヂストン」では、世間の常識は通用しない。

柴本は成毛なき後は江口禎而を思い描いていたが、幹一郎の押す服部で決まった。

服部は海外部育ち、父が外交官ということもあったから、主力は海外ばかり、タイヤはタイ国の工場建設運営でしか、かかわっていない。

柴本は、辛かったろうが主君・幹一郎の選んだ服部を連れて全国の地方巡業に同行、後継者として紹介する。

この頃、柴本は既に慢性肝炎に相当に蝕まれ体力は消耗、酒など飲める状態ではなかった筈だが、精力的に服部に国内販売の〝何たるか〟を旅先でたたき込む。

柴本と服部の間には良くも悪くも何もなかったが、この地方巡業を通じて服部は柴本の何たるかを知り二人の間に強い信頼関係が生れる。

服部は、柴本のアドバイスを真剣に受けとめ、人事面でもそれを生かしていく。その代表格になるのが木下正之だろう。

幹一郎は、ゴム工業会々長として毎年二回開かれる理事会に出席するため関西を訪れる。

大阪支店長にとって、この時が緊張の連続で、新幹線ホームまで出迎える者、車内に入って荷物まで持つ者、様々だが、木下正之だけは一回も出迎えなかった。

幹一郎が出迎えなしで大阪支店に着いて支店長室に入ると、木下は『やあ、いらっしゃい。』といって挨拶はするが、書類に目を移してしまい、幹一郎が所在に困ったという逸話がある。

木下のこの振舞いは振舞いとして、両者の関係はそうであったから、服部は木下を副社長にするには相当、苦労があった筈だが、彼は副社長に就任する。

そして、この木下がファイアストン買収で働き、服部―家入を動かし、買収にこぎつけることになる。その時、木下を補佐したのは今泉勲だ。

しかし、ファイアストンの買収後の動きは「もどかしい」の一語につきた。

これに怒った幹一郎は、家入の任期を待って海崎にファイアストンの再建を託す。思いがけない「約束」、アメリカを再建できたら本社社長で迎えるという幹一郎の「願い」に海崎は見事に応えた。

海崎の口癖は、ブリヂストンを昔のような超優良企業にしたい、であったが、余りに急ぎ過ぎた。

争臣がほとんどいなくなって、大切な真の情報は、彼には届かなくなってしまう。直属の下臣といえど、友人や先輩をかばえばそうなる。こうして「リコール問題」は、取り返しがつかなくなるまで「アンタッチャブル」、彼の耳に届くのは遅れに遅れた。

01年1月11日、海崎は経団連会館で緊急記者会見を行って、代表取締役全員退任と、新社長に渡邉惠夫が就任すると発表した。

その数週間前、横浜ゴムの鈴木久章、熊本製粉の太田進、そして海崎洋一郎と新橋で麻雀を囲んだ。

鈴木と太田は、翌朝が早いからといって帰ったが、「一杯やるか」と誘われて新橋の海崎の行きつけの店「たけうち」に行った。

12月、ということもあって店は混んで部屋は空いてなかったので、二人でカウンターでアレコレ話しているうちに、ふと確かめたいことがあって質問してみた。

それは、前からつれづれなるままに、海崎は間違いなく、次の社長は技術系から選ぶ、ということを直感していたので、ズバリとやってみた。

『貴方は渡邉さんと富樫さんのどっちをかってますか？』

一杯飲みながらの軽い質問の積りだったたし、海崎の返事は多分、両者ともいいネ、とか両者の特徴の違いぐらいは云うかナ、と思っていたら、彼はいきなり立ち上がって、というより、

01年１月11日、渡邉社長へのバトンタッチを発表する海崎社長（左・経団連会館で）

飛び上がった。

『そんな事、俺が答えられると思ってるのか！』と怒鳴った。

向こうもビックリしたかもしれないが、こっちもビックリした、異常反応だった。多分、彼は、技術担当の柴田か渡邉か富樫の誰にするか思い悩んでいる最中だったろう。そこで急所を聞かれ、むしろビックリしたのは当然かもしれない。

彼は直ぐ平静になって、そんな会話が全くなかったように振舞って、その夜は終わった。

周知の通りブリヂストンの決算は12月期、従って平常ならば社長の交替は3月に行われるが、ファイアンストンの問題があったにせよ、1月11日社長交替というのは如何にも〝異常〟だった。

が、これには訳がある。それは海崎洋一郎の夫人が1月6日の夜、脳梗塞で倒れ、口が利けなくなって緊急入院、海崎家は大変な状況に追い込まれていたのだ。

お手伝いさんがいる家庭でもないし、リコール問題に加え毎日、朝と晩に病院通いする必要に迫られ、進退きわまっていた彼は、決心して社長交替の時期を早めた。

この事は誰も知らない。普通なら脳梗塞で妻が倒れたら、秘書ぐらいには、今日はそんな事で会社へ行けないから、書類を持ってこいとか、何等かの措置を頼んで当たり前だろう。

けれど彼は一切、ひと言も、後任の渡邉にさえ、この事を話していない。

ファイアストンのリコール問題の後遺症は未だに続いている。彼はそれをずーっと背負っていく事にはなるが、妻が倒れた事を一切、秘書にも漏らしていないのは、やはり〝男〟を感じさせる。

そして海崎が苦慮していた後継者の問題で、渡邉を推薦したのは、内山彪副社長で、彼は率直に『貴方は厳しい人柄だから、次は人柄のいい渡邉がいいと思います。』と直言し、このひと口で後任は渡邉に決まった。

血液　OB型

◎……正二郎の昌子夫人はB型。芸事が好きで三味線も弾いた。

終戦直後、ブリヂストン本社建設予定地には急ごしらえのバラックの露店が一斉に建ち並んだ。

その時、昌子夫人は、戦災で皆さんも大変でしょう。だから、建物を建てる迄はお店を開いても構いませんヨ。けれど本社を建てる時には立ち退いて下さいネ、と菓子折りを配って歩いた。

そのお陰で、本社建設の時は、誰一人として文句をいわなかった。

その昌子夫人が柴本さんに新橋に遊びに連れていってとせがんだ。

柴本さんは『そんな事をしたら親父に叱られるから親父さんも一緒なら……』ということで新橋の料亭「蜂竜」に幹一郎さん以下家族そろって出かけて、炭坑節やら何やらドンチャン騒ぎを……。

昭和20年代のこと、請求書が来たので柴本さんが昌子夫人の処へ請求書を持っていったら、当時の金で20万円也。昌子夫人ならずとも『高いのネー。』

当時のソバが15円なのでインフレ率でいくと約40倍、従って今の金額に直すとざっと、一晩800万円になる。

それがキッカケで昌子夫人と新橋の芸者がすっかり意気投合して仲良しになって……。

それからは柴本さん達の新橋宴会が全部バレて……『参ったヨ。』とは柴本さん。

良き時代でした。

柴本の別れの会

『光と影』も漸く最終章を迎えた。この企画は、当初、石橋正二郎と柴本重理、二人の男の出会いをテーマにする筈だったが、「栄光」だけでは済まされない事態が発生したため、この企画を総てキャンセルすることも考えたが、周りの意見に従ってタイトルも「光と影」に変わってスタートした。

◇

「はじめに」でも書いたように当初、この作品は作家の城山三郎に依頼、執筆を願うことにしていた。そして必要な資料やデータは全部当方で用意する、ということだったが、「存命中の人は書かない事にしている」という彼から丁重な断り状がきて、仕方なく私が書く覚悟を決めた。

正直いって当初は何うなることか……と案じたが諸先輩の励ましで何とか、最終回にたどりついた。

回顧録は、得てして古い事柄は文献も一貫性があって、しっかりしているので書き易いが、時代が身近かなテーマに移ってくると、視点も表現も難しくなる。

というのは、記述が当事者に良くも悪くも影響を及ぼすのではないか、という心配から文章にメリハリが出なくなる。

大作家、城山三郎といえども、伝記を書くに当って、存命中の人は書かない、という姿勢を貫いたのも解るような気がした。

さて、それはさておき、今回の記述の中で、ブリヂストンと関係の深かった横浜ゴム、大きな影響をもたらした住友ゴムまでは、私なりの書き方をした。

多くの読者は、このペースでいくと東洋ゴム、オーツタイヤそして日東タイヤまでが、何等かの形で書かれると思った方も多いと思うし、私自身、書く積もりも半ばあったが、この作品は飽くまでも「業界の光と影」でなく「ブリヂストンの光と影」である、という原点に立ち返って「企業編」は住友ゴムまでとした。

東洋ゴムでは、岡崎正春、清水大六、竹内幸吉、毛呂三郎、土井荘太郎、片山松造、太田正典など書きたい人は数多い。

中でも岡崎正春とは数多く碁を打ち関西に寄れば、かならず盃を交わしていたので、グッドイヤー、コンチネンタルを交える外資との資本技術提携について書きたかったし、外資とのからみでは片山松造も書きたかったが、この稿の主旨からは少し離れるので、上記三社には触れないことにした。

また、盃の数では、業界人の中でも三本の指に入ったオーツの加藤洋は碁と麻雀とゴルフと三拍子の間柄だったので、柴本重理と加藤洋の「折衝」は、特筆すべき事もあったが、これも同じく割愛させて頂いた。

これらの諸兄については別の機会にゆずりたいと思う。

柴本の会

88年10月29日、当時は麹町にあった「クラブ関東」で、〝柴本の会〟というのが催された。

柴本重理が亡くなる3年前の事である。彼と共に働いてくれた方々を招いて感謝と懇親をするという主旨の会であったが、おそらく柴本としては今生の別れの意味を込めていたと思う。全国のブリヂストンの主だった家臣と、全国から柴本の馴染みの芸者衆が馳せ参じた。

ブリヂストンのリプレイス軍団にかかわりのあった約100名が一堂に会するので、それはそれで大変な会になった。

司会は、ブリヂストン取締役だった松谷元三が勤めたが、会の始まる1週間前、柴本から、『当日のスピーチは、石橋幹一郎さんと君だけだから、よろしく。』と云われてドキッとした。

立食パーティーで、数多くの人が、祝辞を述べる会と思い込んでいたので進退に窮した。

そこで、リプレス担当常務だった諸先輩に祝辞の交替をお願いしたが、それも結局は受け入れられない。

仕方がないのでその日から一週間、酒を断った。最初で最後の長期断酒だ。

その夜は15分ずつのスピーチで石橋幹一郎は祝辞に馴れてるから、「柴本さんの歯は未だに一本も入れ歯がない……」とやって参加者を笑わせた。

一方の私のスピーチは、柴本さんが協会会長、いわば経団連会長として弱きを助け、強きをくじいた話を中心に話したが余り面白くもなかったと思う。

いまにして思えば、戦後間もなく、国鉄が自信を込めて開通した特急列車「さくら」が日本列島に走り出したばかりの頃、正二郎と二人で食堂列車に乗った、その時のウエイトレスが昌子夫人と似た丸顔の可愛いい人だったので、正二郎が大いに気に入って、『柴本君、彼女にチップをあげてくれたまえ』と頼み、柴本が彼女にチップを渡して席に戻ると正二郎が余りに喜ぶので、柴本が心得て、『そんなにお気に入りなら、うちの社にいれましょうか？』と云ったら、正二郎がすかさず『君の下においては駄目ですヨ。』と云われて参りました。というエピソード等を披露した方がよっぽどよかったナ……と今も反省している。

それはそれとして、全国から招待された芸者衆が急ごしらえの舞台で踊りを披露したが、やはり、新橋芸者・三姉妹（やすよ、ふ久、さき）の踊りは群を抜いていた。華やいで美しい。

木下正之さんの近影から（04年）

その三姉妹は、今でも現役で新橋に出ているが、彼女達が初めて座敷に出たのは昭和38年頃だったと思うが、今や大幹部。毎年、5月に新橋演舞場で公演される「東をどり」では番付けも上位にランクされている。

東をどりの最後に、江戸褄を引いた幹部がズラリと並んで御礼の口上を述べる場面は、男子として生まれたからには、一見の価値があると思う。

柴本会が終わって、幹部は新橋の「米村」へ流れた。米村に着いた時は、何人集まったか記憶にないが、乾杯の音頭は木下正之がとった。

「能」には喜多流と観世流があるが、喜多流をたしなむ木下は祝辞に代えて「鞍馬天狗」を朗々と吟じ、「柴本の会」の二次会にふさわしい凛とした空気が漂った。

やはり、このような席には「謡」をたしなむ人が居ると座が引き締まる。

この席では、高松から馳せ参じた美歌さんが音頭をとって後半を大いに盛り上げた。柴本さんも全国のひいき筋に囲まれて、御夫妻共々御満悦だった。

その柴本さんが92年6月21日、東京女子医大で亡くなられた。

亡くなる3日前、石橋幹一郎が見舞っている。

お嬢さんの理恵子さんが、意識の朦朧としていた柴本さんの耳に口を寄せて、『石橋さんがお見舞いに来られましたヨ。』といった瞬間、柴本の顔は見る間に桜色に紅潮したという。

『がんばりますから、安心して下さい。』―と柴本は混濁した状態なのにハッキリと応えたそうだ。この言葉を理恵子さんから聞いた瞬間、私は、もしかしたら、柴本さんは石橋正二郎が見舞いに来た。そう思ったのではないか、と思えてならない。

芭蕉の句に、〈夏草や兵（つわもの）どもが夢の跡〉という句があるが、柴本さんの退いたブリヂストン軍団を思うと何故か、この句が思い出される。

そして芭蕉の兵と書いて「つわもの」ども、というのも、私にとっては荒武者どもの方が何となくピッタリする。

夏草や　荒武者どもが　夢の跡

（完）

園遊会

◎……柴本さんの一人娘、理恵子さんが結婚した中村雄二さんは、後に天皇陛下の主治医となり、昨年04年3月、定年で宮内庁病院を退き、主治医の役目も無事に終えた。

この御両人の結婚式は、芝プリンスホテルで挙行されたが、この結婚式にブリヂストンでは、ただ一人竹島登だけが招待された。

その訳は理恵子さんが、会ったことがない人は呼ばないで、と頼んだから……。

その結婚式がなかなか面白かった。中村の友人は東大だから、何かと山の手風という感じで音楽もバイオリンとかフルートで洋楽が中心となる。

それに対して柴本家の方は芸者や三味線が主流で下町そのもの。

写真は、03年の4月23日、赤坂御苑で開催された天皇陛下の園遊会のスナップ。

主治医として夫妻で招待を受けたが、たまたま、その傍に小泉純一郎総理がいたので記念のワン・ショットとなった次第。

もう一枚のショットは中村夫妻のショットだが、ここでは、ニュースバリュー？を考えて、こちらを採用した。

提言　中国向けプロジェクトは慎重に

——中国市場の光と影——

日本の政治と経済の将来を考えるとき、最も影響があると思われるのは「中国」の動向だろう。

タイヤメーカーにとっても、「中国」をどう把えるかという問題はモータリゼーションが急激に発展している中国市場へのアプローチのやり方に密接に繋がりがある。今回は、テーマと少し離れるが尖閣諸島の問題も含めて中国とのかかわりをどう考えていくべきかスポットを当ててみた。

◇

3年前の02年4月、まだ雪のちらつく中国の現地取材で解ったことは、中国のマーケットが将来、世界の自動車メーカーにとって「主戦場」になるということだった。

次ページに揚げた主要国のグラフ「高速道路網」の総延長キロ数でも解る通り、中国の自動車生産・保有台数は、米国そして日本にも接近、遠くない将来、世界第一か第二の自動車保有国になる可能性を示している。

03年の中国の自動車生産台数は450万台だが、北京オリンピックの開催される08年には、800万台から1千万台という説が有力になってきた。

国内の自動車メーカーは、こうした「主戦場」に備えて着々と準備を整えつつある。その引き金になった最大の理由は、中国に関して腰の重かったトヨタがやっと〝御神輿〟を上げたから、といっても差し支えないだろう。

トヨタの中国における「一汽」および「広汽集団」との合弁事業はハイブリッド車も加わって愈く本格化してきた。

歴年別に実績を見ていくと既に生産に入っているランドクルーザーの年産が1万5千台、そして04年、カローラが3万台の生産に入ったが、05年には高級車クラウンが5万台、そして06年には、カムリが10万台の生産体制に入る。

1982年以降の高速道路整備延長

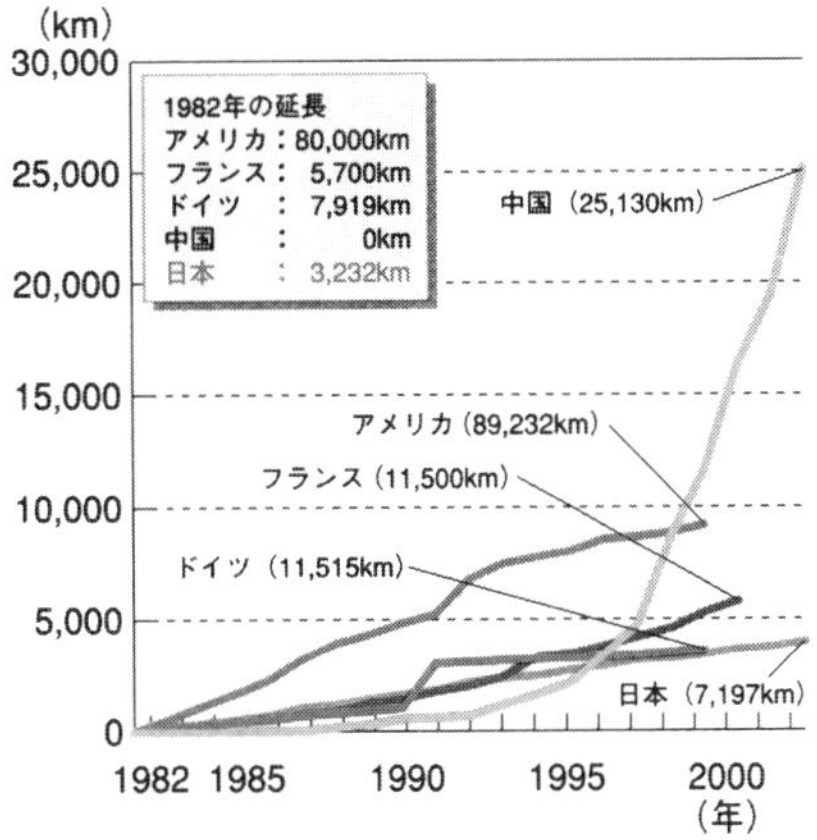

（注）日本、中国：2002年　フランス：2000年
アメリカ、ドイツ：1999年のデータ
出典：平成16年度版国土交通白書164p
平成17年版白書の白書（木本書店）

トヨタにエンジンがかかったことで各タイヤメーカーの現地工場建設、増設にも拍車がかかってきた。

現在のタイヤメーカー4社の生産能力（実績）をみていくと▽ブリヂストンが瀋陽と天津、無錫の三工場を合わせて年産800万本、▽住友ゴムが常熟工場で156万本、▽横浜ゴムの杭州が75万本、▽東洋ゴムの昆山は確報はないが約800万本のうちの30％が東洋ブランドとみられているが、何れにしてもタイヤの方が自動車メーカーの進出よりは数歩、先行している。

中国の経済成長率と工業立国としての動きは目覚ましいものがある。

法治国家としての体制はとっているが、人権、居住権より国益が最優先している中国にとって高速道路の建設は恰好な右肩上がりの代表選手の役割を果たしている。高速道路を問答無用で建設をするから、先進国との比較は問題にならない。

しかし、こうした華々しい急成長の側面に、中国は難しい国内問題を数多く抱え、必ずしも高速道路網のように一本調子で右肩上がりばかりだけではない。

沿海部と内陸部を含めた貧富の格差もあるし、民族問題もある。

このほか、輸出入実績をみても解る通り、米国への最大の輸出国だった日本は、その座を中国に譲った。

03年における日本からの対米輸出は12兆9千億円（レート105円で換算）に対して、中国の対米輸出は実に16兆2千億円にも達する。

しかも、この貿易収支をみると両国とも大幅黒字だが米国の赤字幅をみると中国の場合はケタ違いに多い。中国の米国からの輸入額は輸出額の10分の1ぐらいの水準にしかない。となれば当然、ドルと元のレートは俎上に乗らざるを得ないだろう。

かつての円高ドル安時代は終って、ドルはユーロも含めて総ての通貨に対してドル安に陥っているが、なかんずく元は突出している。

こうしたことが長く放置される筈もない。米中摩擦は単に貿易に限らず、台湾問題も含めてエスカレートせざるをえないだろう。

尖閣諸島

最近の問題では04年11月10日午前9時、防衛庁の大野功長官は、小泉総理の承認を得て海上警備行動を発令した。

海上自衛隊のP3C哨戒機が中国の「漢級原子力潜水艦」と特定したのは、もっと早い段階だったが、防衛庁内に日中関係の悪化を恐れて「国籍不明」のまま、原子力潜水艦が公海に脱出するまで、この領海侵犯を不問にしよう、葬り去ろう、という動きもあったが、数多くの曲折を経て、翌日の午後、細田官房長官の「原潜は中国海軍のものと断定」の発表となった。

中国の原潜と特定してから発表まで実に28時間以上を経過したことになる。日本の外交のぺっぴり腰は、外務省、防衛庁を含めてここに極まった感すらある。では一体、防衛庁は、どの時点で原潜をキャッチしていたのか、それは大きな問題の筈だ。大野長官は東大法からペンシルバニア大学に通って英会話は抜群、ワシントンにもパイプがある。

説はいろいろだが、もと共同通信記者で独立総合研究所の主席研究員の青山繁晴氏の情報によると中国の原潜は青島を出港してから沖縄と宮古島の間を抜けてグァム島を一周し、そして再び尖閣諸島と石垣島の間を通り抜けて公海に去った、ということになる。

彼は特派員時代、米軍、中国首脳とのパイプもあって10年前から防衛庁幹部の教育訓練を担当、講師の一人としてかかわりがあり、日本に山積する「外交問題」では貴重な存在だ。

町村外相は、細田官房長官の発表後、直ちに駐日中国公使を外務省に呼んで抗議をすると、中国政府は領海侵犯を認めて遺憾の意を表明したが、その理由として何と「操縦ミス」によるものと言い訳したが、防衛庁の中にはこの原潜の航路からみても解る通り誰一人として「操縦ミス」を信じている幹部はいない。

中国は、世界各国から批判されることになったが、なぜ、こうした行動をとったのか、それには三つの理由がある。

第一点は、P3C哨戒機に発見されるだろうが、日本が何う反応するか、反応を確かめるのが第一の目的。

第二は、日本の反応次第で南沙諸島（東シナ海）の天然ガス、油田開発の権益を「既成事実」とするのがネライの第二点。

第三点としては、日中の外交問題を絶えず緊張させることによって国内の不安分子を押さえつける、—この三つと思われる。

南沙諸島に予想される原油の埋蔵量は、いろいろ説はあるが、一千億バーレル、付帯する天然ガス等を加えると金額では、600～800兆円と云われている。丁度、日本の抱える借金の総額に匹敵する。

高速道路網イコール、自動車の保有台数という訳ではないが、中国にとって将来原油は何よりも必要な資源、命の綱ともいえる問題だから、世界の批判など構ってはいられないかもしれない。

もしかしたら日本は見て見ぬふりをするかもしれない、実は中国の思惑通りの動きもあったのだが、それはそれとして中国は、第二、第三の領海侵犯を形を変えて、繰り返すのは間違いない。

そして中国の陸軍の人員は、170万名とされているが、これだけの軍隊を維持しているのは何のためなのか。それは外交上というよりは、国内々部の鎮圧に備えたものでウイグル族、チベット族などの民族独立にニラミを利かす一方、一党独裁に反対する不満分子を押えつける為の軍隊、つまり内政のためなのだ。

従って、「靖国神社問題」も内政の一環として外交に使っているに過ぎないし、原潜も同じことになる。

以上のように見てくると「トヨタ」の対中政策が長い間「重い腰」になっていたのはむしろ当然のことでタイヤメーカーとしてはトヨタ以上に拠点を拡大しないことを常に頭の隅に置いておく必要がある。

政界の一部には、南沙諸島にかける油田開発を民間企業ベースでなく政官民が一体となって国家予算をつけ試掘すべき、という声が出はじめているが、中国海軍が試掘船団をガードしている以上、日本も海上自衛隊が船団をガードして対抗するのは当然だろう。もしこれらの事が具体化するような事があったら業界としては全面支援体制にのぞむ必要がある。

世界は民族、宗教等の問題から不測の事態が何時、何処で、何れだけの規模で発生するか解らない。

そうした動きに呼応して、日本でも9条を中心に憲法問題が浮上している。終戦直後、もし「憲法問題」を取り上げる人がいたら袋だたきに合ったろう。戦後50年を経過して状況は大きく変った。第二次大戦と領土問題を組合せたら、アメリカは、沖縄を返還していなくてもいいだろう。それをアメリカは日本に沖縄を返還した。時を同じくしてソ連が北方四島を返還していても何もおかしくない。

日本の隣国で、領土的野心を持っているといえば、ロシアの北方四島、質は大いに異るが韓国には「竹島」があり中国に「尖閣諸島」がある。

領土的野心ということで一括できないまでも「友好国」と「反友好国」という色分けは、国家としてキチンと認識しておく必要がある。

平和ボケしている日本外交に厳しい視点を持つのと同時に、自社の展開している対中国向けプロジェクトは慎重であり過ぎることはない。

主要国の四輪車保有台数

単位：台

1.	アメリカ	U.S.A.	225,451,651
2.	日本	Japan	73,989,350
3.	ドイツ	Germany	48,224,833
4.	イタリア	Italy	37,682,190
5.	フランス	France	35,144,000
6.	イギリス	UK	32,923,685
7.	ロシア	Russia	24,352,000
8.	スペイン	Spain	23,048,474
9.	中国	China	20,531,700
10.	ブラジル	Brazil	20,094,000

※）①2000万台以上の保有国。②四輪車は乗用車と商用車。③02年末現在

あとがき

考えていたより本の出版が5年近くも遅れたけれど、曲がりなりにも、こうして一冊の本が書けたのは、「門前の小僧、習わぬ経を読む」の例えのような気がする。

昭和30年代の半ば頃から、日本経済は驚異的な発展を遂げるが、そうした企業の中で、代表的な一社ともいえるブリヂストンを40年間、定点観測、定点取材できたことは誠に幸運であった。

一つの企業の様子が解ってくると別の企業、そうして別の産業、ひいては経済界のこと、行政のこと、最終的には立法、政治へと取材の対象は果てしなく拡がっていった。

駆け出しの記者の頃は、取材のイロハも記事のイロハも解らなかったから、わずか5～6行の記事にも一時間かかった覚えがある。

そんな状態だったから減価償却やキャッシュフローの意味も解らなかったし、今以って正確に理解出来ているかどうか怪しいが、少なくとも有価証券報告書を興味深く見れるようにはなった。

聞くのは、ひと時の恥、聞かぬは一生の恥とばかり、取材を心掛けた。

記者には取材の権利があるかもしれないけれど、される側はそれに答える必要も義務もない。当り前のことだ。

従って取材をさせて頂くという感謝の気持は、今もって大切にしている。

この点、ブリヂストンの各セクションの担当者は、一流大学卒のバリバリ揃いで取材をはなれて昼夜を問わず特にアルコールでは数限りない勉強をさせて頂き、多くの友人を得た。

当初、この本は、創業者、石橋正二郎と重臣、柴本重理の出会いを中心に、二人が築いた「ブリヂストンの栄光」というタイトルの予定だったが、執筆の遅れと共に、かならずしも「栄光」とばかり云えなくなって「光と影」に変わった。

本の内容の期間が大幅に増えたことにより、その分、ドキュメンタリーとしては形が良くなったかもしれない。

企業にとって目標は、次々に高い場所へと取替えられていく。全軍の士気を高めるためであるから「拡大再生産」や「グローバリゼーション」が金科玉条のように叫ばれ続けている。

けれど果たして企業は、より大きくなり続けなければならないのかどうか。それは誰にも解らない。

個人的には、「グローバリゼーション」より「技術開発」、量より質が大切なような気がする。

例えば、「グローバリゼーション」の花形企業といえば「ソニー」が筆頭になるが、ソニーの株価は僅か4年前1万6千円だったのが、4千円台、現在は4分の1にまで下げている。

株価が、これから再び上るか、それとも逆に下がるのか、それはそれでグローバリゼーションの功罪を占う一つの指針になるのではないだろうか。

世界が平和である限りは企業にとって「グローバリゼーション」は有利に作動するが、世界の動きは、そう単純ではない。「反日」「親日」に諸外国を大別するだけでも容易でない。

ブリヂストンの光と影を書いて「質」と「量」のどちらが企業にとって優先されるべきか、その事が妙に頭にこびりついて離れない。「技術開発」にとって「グローバリゼーション」はかならずしもプラスに作用しない。むしろマイナス要因になる、と思えるからだ。

この本の執筆は、集中すれば、1ヵ月ぐらいで書き上げられると思ったのが、そもそもの間違い。それと、この本は書き下ろしにして、出来得れば著名な出版社から出したい、という淡い期待があったのも、間違いに拍車をかける結果となった。最終的には、木下正之さんの『これ以上延びると、年齢的に難しくなるぞ』、という一言で決心した。

だから著名な出版社なんて希望は木っ端微塵、RK通信の後継者になった篠原哲夫君のアドバイスで「タイヤ新報」に連載することにしたが、結果的に不精者の私にとっては、これしかなかったのかもしれない。

この本の写真の多くは柴本重理さんのお嬢さんであった理恵子さんに協力して頂いた。柴本家には100冊近いアルバムがあったが、この中から選んだものだ。また、本に収録した統計とグラフは、堀川俊春君に苦労をかけた。

以上の方々と梯子を重ねた盟友、雀友には、心より御礼を申し上げる。

四月十日

【著者プロフィール】

木本　嶺二（きもと　れいじ）

1935年満州吉林省生まれ、福岡県出身。

青山学院大学第２文学部英米文学科卒業。在学中、代表委員、新聞部々長を経て、代表委員会委員長。卒業後ゴム工業通信社入社、1972年㈱ＲＫ通信社創立、現会長。1979年㈱木本書店設立。

ゴム記者会々員、経済産業省ペンクラブ会員、日本外国人特派員協会々員。

ブリヂストンの光と影　

©2005

平成17年５月９日　初版発行　定価：本体2,200円＋税

著　者　木　本　嶺　二
発行者　木　本　嶺　二

発行所　株式会社　木　本　書　店

〒105－0001　東京都港区虎ノ門１－22－13
電話03（3501）6131　振替00160－6－26891
(乱丁、落丁はおとりかえします)

印刷・製本／株式会社　美巧社

ISBN4-905689-81-3

木本書店の好評出版物（価格は税込み価格）

白書の白書　木本書店編集部編

政府が発行している、全部で33冊の各白書の、その年版の概要や主要データの合計約700種を厳選して収録。新聞・テレビでは報道されにくい日本の現状を、自分の視点で分析していくための最適なデータ集。日本図書館協会選定図書。　3,990円

加藤正夫打碁集「攻めの構図、読みの力」上／下巻　加藤正夫

トッププロとして、また日本棋院理事長として、大活躍した加藤九段が自ら『攻め』に焦点を絞って、その独特の大局観や攻めのタイミングなどを丁寧に解説した最後の打碁集。序盤の攻めを上巻に、下巻には中盤から終盤の攻めを収録。　各3,150円

宇宙流序盤構想（互先局、二子局、三子局、四子局）　武宮正樹

囲碁界で宇宙流といえば、いわずと知れた武宮正樹九段。ミスター宇宙流その人が、置碁の打ち回しを紹介。徹底した不変の基本構想は、そのまま宇宙流の奥義に触れることになり、読者は自然と武宮宇宙流を身につけることになる。　各3,059円

棋聖　天野宗歩手合集　内藤國雄

時を遡ること150年前、幕末の世に“実力十三段”と恐れられた棋士がいた。「棋聖」と呼ばれる駒の活用の鋭さと優美さを、内藤九段が実戦譜を丹念に収集して解説した本邦唯一の宗歩実戦集。将棋史を飾る貴重な資料としての一面も。　4,725円

有段者への道案内　宮崎国夫

初心者はもちろん、再出発を期した万年級位者たちのために、30年間将棋道場の席主をつとめた筆者が日々見てきた、錯覚や、思い込みで失敗しやすい基本局面を出題、方向性をチェックしながら有段者に導く実力養成講座！　1,260円

ヘミングウェイ釣り文学傑作集　倉本　護訳

世紀をこえて愛され続ける文豪ヘミングウェイ。生涯をかけた釣りへの情熱が代表作「老人と海」へと結実する流れを一つのジャンルとしてとらえ、美しい自然と魚を描いた短編や、長編の名場面で構成した珠玉の作品集。　3,150円

蘇れ！生きる力　—飽食の現代に「生き生き村」の挑戦—　門脇邦弘

何もかも親から与えられて育っている現代のひ弱な子どもたち。彼らが本来持っている笑顔や、輝く瞳を取り戻すために「生き生き村」を自ら旗揚げして、のべ１万人の子どもたちと過ごしてきたユニークな合宿生活を、門脇村長が自ら紹介。　1,800円